分布式电网

电能质量分析与治理

主　编　江友华

副主编　曹以龙　崔昊杨

编　写　杨喜军　王育飞

主　审　宋文祥

中国电力出版社
CHINA ELECTRIC POWER PRESS

内 容 提 要

本书共分分布式能源微型电网实验平台及其技术、电能质量分析与评估技术、分布式能源微电网电能质量监测技术及应用技术四篇，共13章。其中第一篇主要介绍分布式能源微型电网实验平台及实验要求，让学生或行业研究者能够理解分布式能源的概念，熟悉和体验分布式能源的实验室物理平台、分布式能源的并网与离网等知识架构，可使学生及专业人员对分布式能源相关理论及技术有较深刻理解；第二篇主要介绍电能质量分析与评估技术，分别介绍电能质量的基本概念，电能质量的分析与仿真技术、电能质量的评估技术等，为能源互联网的信息提取、分析技术、电力信息化的大数据与人工智能决策理论提供支撑；第三篇主要介绍分布式能源微电网电能质量监测技术，包括相关的系统方案、基本的硬件电路及软件算法，有利于学生及行业研究人员了解和熟悉电能质量的特征及采集规律，为能源互联网的电能信息感知与处理技术积累基础；第四篇主要介绍电能治理相关技术的应用技术，主要通过多年研究课题积累的相关知识、数据与经验，展现电能治理的应用案例技术，为相关工程技术人员的工程实践提供一定思路。

本书可作为高等学校电气工程、电力系统及其自动化、信息工程等专业硕士研究生教材，也可作为电力工程类专业高年级本科生和研究生学习电能质量的教材，还可作为从事电能质量工作的工程技术人员和技术管理人员的专业培训教材或参考用书。

图书在版编目（CIP）数据

分布式电网电能质量分析与治理/江友华主编．—北京：中国电力出版社，2020.12
研究生教材
ISBN 978-7-5198-5056-2

Ⅰ.①分… Ⅱ.①江… Ⅲ.①电网—电能—质量管理 Ⅳ.①TM727

中国版本图书馆CIP数据核字（2020）第195663号

出版发行：中国电力出版社
地　　址：北京市东城区北京站西街19号（邮政编码100005）
网　　址：http://www.cepp.sgcc.com.cn
责任编辑：牛梦洁（mengjie-niu@sgcc.com.cn）
责任校对：黄　蓓　郝军燕
装帧设计：张俊霞
责任印制：吴　迪

印　　刷：河北华商印刷有限公司
版　　次：2020年12月第一版
印　　次：2020年12月北京第一次印刷
开　　本：787毫米×1092毫米　16开本
印　　张：9.25
字　　数：213千字
定　　价：28.00元

前言

分布式发电是指在用电现场或靠近用电现场配置较小的发电机组，以满足特定用户的需要，支持现存配电网的经济运行，或者同时满足这两个方面的要求。这些较小的发电机组包括燃料电池、小型燃气轮机、小型光伏发电机、小型风光互补发电机或燃气轮机与燃料电池的混合装置。分布式发电由于靠近用户，提高了服务的可靠性和电能质量，再加上技术的发展、公共环境政策和电力市场的扩大等因素的共同作用，使得分布式发电成为 21 世纪重要的能源选择。

然而目前建立的各种微电网综合示范工程对外展示的大多是原理、功能的实现，不能根据主观设定并/离网、负荷切除，尤其是设备破坏性故障等运行特性的验证，从而不能有效进行双向潮流、故障解列与恢复等运行特征的技术研究，而单纯依靠算法的数字仿真则通常忽略相应的实际参数，其可信度受到影响。本书建立小功率模型的微电网实验平台，能够按照主观设定或技术需求进行故障设定、甩负荷，甚至破坏性试验等运行模拟，实现数字信号与功率级物理信号交接转化，弥补物理建模的局限性以及纯数字模型仿真的真实性，有助于学生创新与实践能力的提高与培养。

伴随着能源互联网的需要，信息技术已在电力系统中广泛应用，实现了信息空间与电网物理系统的紧密融合，极大地改变了电力系统的物理形态与运行模式，形成了电网信息物理系统。这使得电气工程等强电专业的学生需要学习和补充信息专业的弱电技术，电子信息专业的学生也需要具备电力系统等强电知识，形成强、弱电知识的有机融合。为此，本书通过电能质量信息的分析、电能质量监测技术及应用案例等知识架构，完成分布式能源微电网电能质量信息分析、监测、决策与治理等系统架构，实现强电与弱电知识的有机融合，完美地实现电网一信息融合的复合型人才培养的需要。

本书题材来源广泛，不仅取材于相关教师的工程实践、科研项目，也来源于硕士研究生相关课题研究报告。其中江友华完成全书的审核及第六～十章和第十三章的编写，曹以龙教授完成第一～三章、第十二章的编写，崔昊杨教授、王育飞副教授完成第四、五章内容的编写，杨喜军副教授完成第十一章内容的编写，硕士研究生王振邦、赵乐、陈江伟、常建、瞿殿桂、朱振远、王文吉、陈博等为本书部分内容提供了参考资料及相应校订工作。对于上述人员，作者表示衷心的感谢。

本书部分内容还取材于硕士研究生孔祥启、付泽勋在国网上海市电力公司电力科学研究院（上海电科院）所做课题部分内容，在此向上海电科院相关领导与指导老师致以深切的感谢。

感谢上海大学宋文祥教授对本书的审阅与指导，对其认真、严谨的工作表达敬意。

由于作者学识水平所限，欠妥和疏漏之处在所难免，衷心希望读者批评指正。

编者

2020 年 3 月

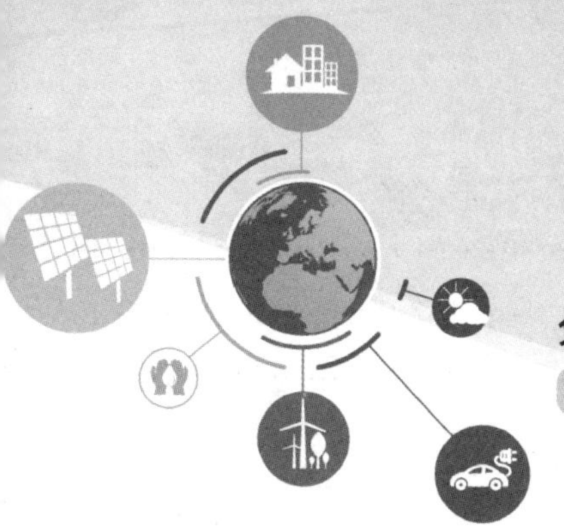

目录

第三篇　分布式能源微电网电能质量监测技术

第四篇　应　用　技　术

第一篇　分布式能源微型电网实验平台及其技术

第一章　分布式能源微型电网实验平台及实验要求

第一节　分布式能源微电网概述

分布式能源微电网是由分布式电源、储能和负荷构成的可控供能系统，可平滑接入大电网和独立自治运行，是发挥分布式电源效能的有效方式。其典型特征是以分布式发电技术为基础，融合储能、控制和保护装置，靠近用户负荷，接入电压等级是配电网电压等级，能够工作在并网和孤岛两种模式，其典型结构如图 1 - 1 所示。

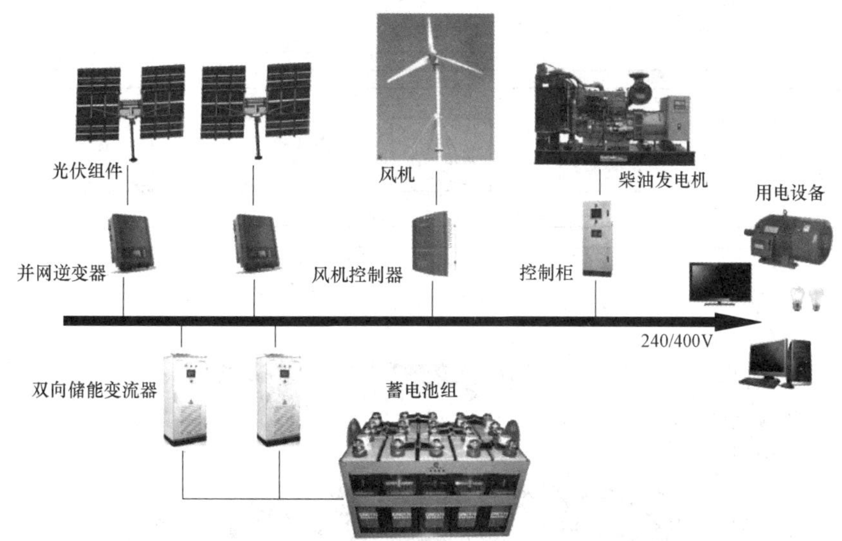

图 1 - 1　分布式能源微电网典型结构

本篇相关章节主要是围绕分布式能源实验平台的构建、并网发电或离网相关实验步骤、并网中的锁相环关键技术、并网控制策略、仿真与实验、分布式能源谐波特性等相关内容进行阐述。通过学习本部分内容，学生能够更好地理解分布式能源的相关特性，旨在通过建立能够按照主观设定运行状态的模拟与数字的混合微型分布式能源，模拟在并网和孤岛模式下的微型电网运行状态、双向潮流、故障解列与恢复等运行特性及电能质量信息，并通过可再生能源发电的并网、控制与保护等实验知识的展现可再生能源的谐波特性，为微型分布式能源的研究与应用提供技术支撑与理论基础。

通过学习本部分内容，学生能够理解分布式能源的概念，熟悉和真实体验分布式能源的实验室物理平台、分布式能源的并网与离网等知识架构，有助于学生对真实的分布式能源的深刻体会。

第二节　分布式能源微型电网实验平台架构及实验

一、分布式能源微型电网实验平台架构

实验模型用于模拟分布式能源微电网的运行状态、潮流动态、故障、恢复等状态下电能质量的相关情况。

为了可以在实验室运行，降低设备成本，同时也为了能够进行破坏性实验，本分布式能源微型电网在现有微电网架构上，按照电压等级、功率等级进行等比例缩小进行设计（见图1-2）。其中对拉机组发电平台模拟柴油发电机组，光伏发电平台模拟光伏发电系统，风力发电平台模拟风力发电系统，蓄电池发电平台模拟储能装置，负荷平台模拟负荷。分布式能源微型电网及监测实验平台如图1-3所示。

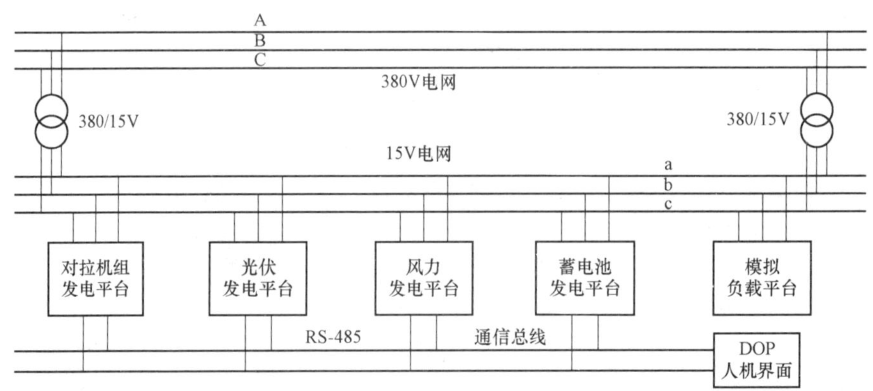

图1-2　分布式能源微型电网实验平台结构框图

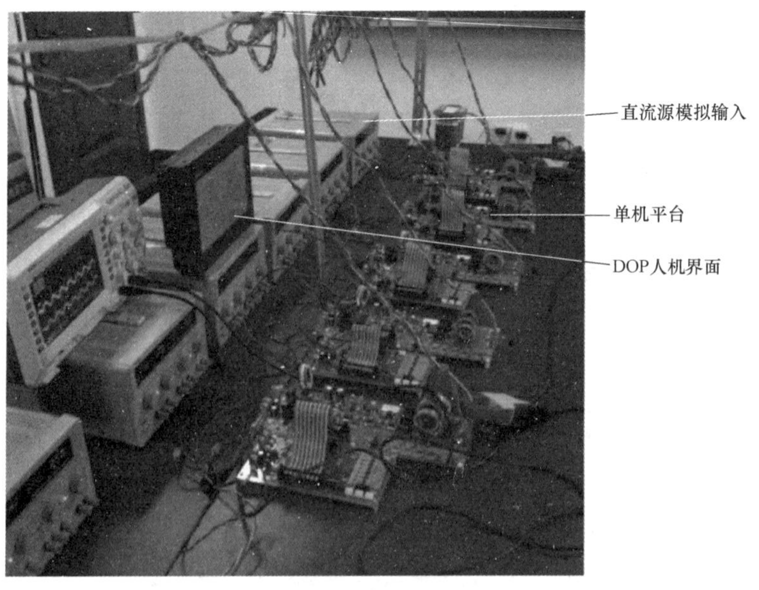

图1-3　分布式能源微型电网及监测实验平台

实验模型由多个独立的发配电系统组成，各系统之间由输电线连接。每个系统内包括风力发电系统、太阳能发电系统、储能装置及各类用电模拟系统。

(1) 独立的发配电系统。独立的发配电系统相当于一个局域电网，有发电、输电和用电系统。在该系统中，配置风力发电或光伏发电单元、储能单元及用电单元。实验模型的风力发电单元设计功率为100W，光伏发电单元设计功率为50W左右，发电单元可以多台同类或不同类型并行连接，以增加电网容量。用电单元可以根据电网的容量配置，负荷类型可以是阻性、容性或感性及非线性负荷。电压选择交流线电压19V有效值。

(2) 电网系统。将多个独立的发配电系统用输电线连接起来构成庞大的电网，模拟现实大电网运行状态，通过协调等控制，保证电网的安全运行，模拟故障发生及故障排除，研究在负荷变化、负荷谐波、发电单元故障或不正常时对整个电网的影响。

(3) 用电系统。用电系统可以采用无源负荷或有源负荷单元。无源负荷实现有功、无功的分配模拟，有源负荷实现谐波的分配模拟。

微型电网的电压等级为0～36V，单机功率在200W左右，通过调压器将微型电网系统与实际大电网系统连接。每一个平台都使用电力电子装置进行控制，其中光伏发电、风力发电和蓄电池发电平台的变流器都为并网逆变器。平台之间通过通信总线与人机界面进行信息交互，通过人机交互平台实现微型电网的控制策略、调度策略等研究。对于单机可以进行光伏、风力、储能等分布式发电的控制策略研究，电能质量治理等相关研究。

二、分布式能源微型电网实验平台发电模块

分布式能源微型电网实验平台发电模块包括光伏发电、风力发电和储能发电三种类型。其本质是以DSP2812为主控的微型逆变器，将太阳能电池板、风机、蓄电池的低电压直流电逆变为工频交流电，通过变压器并入公共电网中。前端光伏发电用直流稳压电源模拟，使用变频器控制交流电动机模拟风力发电曲线。利用蓄电池经双向DC-DC变换作为该微型电网平台的储能调节部分。分布式能源微型电网实验平台发电模块样机如图1-4所示。

图1-4　分布式能源微型电网实验平台发电模块

三、分布式能源微型电网实验平台监控模块

分布式能源微型电网实验平台监控模块通过串行通信接口各发电单元数据发送至上位机的人机界面，从而完成对各发电模块的监视，如图1-5所示。

(1) 显示信息：显示整个微型电网中各分布式发电站点逆变器的直流输入电压、电流，交流三相输出频率、电压、电流、有功功率、无功功率、功率因数，整机发电量，运行状态，工作模式，故障类型。

(2) 主要功能。

1) 状态监控：完成对各分布式发电模块的运行参数的监控。

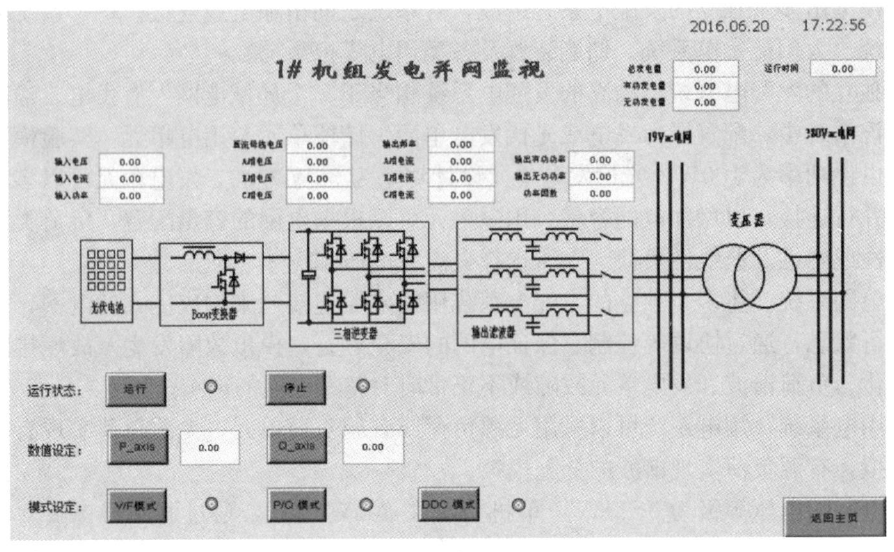

图 1-5　分布式能源微型电网实验平台监控模块

2）并网调度：根据需要，设置微型电网中各逆变器的控制方式、并网电流、输出电压、输出功率等参数，完成对每个发电模块运行状态的调控。

四、分布式能源微型电网实验步骤

（一）并网实验

1. 实验设备

实验设备有三台三相逆变器电路板，分别标记 1、2、3 号；三台 DSP2812 控制板，分别标记 1、2、3 号。交流电动机（输出额定电压为 12V，额定功率为 150W）、直流稳压源（输出电压为 25V）、蓄电池及其控制板（额定电压为 12V，额定容量为 7Ah）、变压器（电压比为 380/19，额定容量为 500VA，采用星形连接）、调压器（调压范围：0～450V）、台达人机交互界面一个。

2. 实验接线

将 1、2、3 号三相逆变器分别与 1、2、3 号 DSP2812 控制板相连，三台 DSP2812 控制板用 SCI 串行通信接口连在一起，并与 DOP 上位机相连。三台三相逆变器并联在一起，接入三相变压器，再经过调压器接入电网。

1 号逆变器设定为储能模块，2 号逆变器设定为光伏模块，3 号逆变器设定为风力发电模块。1 号逆变器的直流输出端与储能电池相连，2 号逆变器的直流输入端与直流稳压源相连，3 号逆变器的交流输入端与交流电动机的输出端相连。

3. 实验方案

在微电网并网模式下，各分布式发电模块均采用 P/Q 控制算法，控制各输出功率（电流）为给定值，在扰动或其他并联逆变器运行状态改变时，输出功率（电流）仍能维持不变。

4. 实验步骤

（1）2 号逆变器并网（光伏并网发电）步骤如下。

步骤 1：设定直流稳压源电压为 25V，将其接入 2 号逆变器的直流输入端。

步骤 2：接通电路后，调节调压器，使并网电压达到 19V。

步骤 3：操作 DOP，设置 2 号逆变器工作模式为 P-Q 模式，即输出至并网点功率控制为恒定；设定输出的相电流为 1A，单击“运行”按钮后，IGBT 开始交替工作，随即完成并网。

步骤 4：用示波器观测并网点的输出相电流波形，幅值与相位同设定值一样。

(2) 3 号逆变器并网（风电并网发电）步骤如下。

步骤 1：启动变频器，设定其频率为 50Hz，输出电压约为 12V。将其交流电动机的输出端接入 3 号逆变器的交流输入端。

步骤 2：重复 2 号逆变器并网的过程，仍将工作模式设定为 P-Q 模式。用示波器观测并网点的输出相电流确为 1A，且此时光伏单元的输出电流仍为原值 1A 不变。

(3) 1 号逆变器并网（蓄电池向电网充放电）步骤如下。

1) 充电。步骤 1：在 1 号逆变器直流侧接 5Ω 电阻，在并网前用示波器观测该电阻上电流为 0A；步骤 2：操作 DOP，设定 1 号逆变器输出电流为－1A，单击“运行”按钮后，随即并网，此时观测直流侧电阻上的电流，发现电流由之前的 0A 开始上升，说明电网正在为直流侧的蓄电池充电。

2) 放电。重复 2 号逆变器并网的过程，仍设定为 P-Q 模式。用示波器观测并网点的输出相电流确为 1A，说明蓄电池正在向电网放电，且此时光伏单元和风电单元的输出电流仍为原值 1A 不变。

5. 方案论证

根据上述光伏、风电、蓄电池的并网实验现象，发现各自并网点的实际电流与控制的目标电流一致，且在各种扰动下仍能维持不变。并网实验验证了在并网模式下，P/Q 控制算法的有效性，各分布式能源能够成功并网，且其输出功率（电流）可以稳定地控制。

(二) 离网实验

1. 实验设备

离网实验设备增加了三个 5Ω 的电阻，去掉调压器与变压器，其余实验设备与并网实验相同。

2. 实验接线

将 1、2、3 号三相逆变器分别与 1、2、3 号 DSP2812 控制板相连，三台 DSP2812 控制板用 SCI 串行通信接口连在一起，并与 DOP 上位机相连。三台三相逆变器并联在一起，并在三相输出侧共同接入三个电阻。其接线方式与并网接线方式类似，但此时发电电网输出不是连接电网，而是连接负载。

3. 实验方案

将三台逆变器组网后，各逆变器间采用主从控制方式。设定 3 号逆变器为 V/F 控制（作为主机），维持微电网交流输出侧电压为给定值不变；其余两台为 P/Q 控制（作为从机），维持各输出功率为给定值不变。

4. 实验步骤

步骤 1：对于 3 号逆变器（V/F 控制），设定输出电压为 10V，并网后，用示波器观测该微电网交流侧输出电压，确为 10V，此时 3 号逆变器的交流侧输出电流为 1.2A。

步骤 2：接入 2 号逆变器（P/Q 控制），设定输出电流为 2A，并网后，用示波器观测其输出电流确为 2A。同时，该微电网交流侧输出电压仍为 10V，而 3 号逆变器的交流侧输出电流为 0.8A，较步骤 1 有所下降。

步骤 3：接入 1 号逆变器（P/Q 控制），设定输入电流为 1A，并网后，用示波器观测其输出电流确为 1A。同时，该微电网交流侧输出电压仍为 10V，此时 3 号逆变器的交流侧单输出电流为 0.4A，较步骤 2 有所下降。

5. 方案论证

从上述实验步骤可以看出，主机为 V/F 控制，实验测得的交流输出侧电压恒定；且当 2、3 号逆变器相继接入微电网时，该微型电网的交流侧电压仍为 10V 稳定不变。由此说明，在孤岛模式下，V/F 控制方式有效，可以稳定地控制整个微型电网的交流侧运行电压。

同时，当 1、2 号逆变器相继接入微型电网时，在 P/Q 控制方式下，其输出电流与给定值一致，同时微型电网的交流侧电流不断减小，这是由于 1、2 号逆变器的控制目标为交流输出侧的功率恒定。又由于输出电阻上的电压不变（由 V/F 控制决定），则电阻上消耗的功率不变，即总输出功率不变，因此当 2、3 号逆变器的输出功率接入后，3 号逆变器的输出功率减小，在输出电压不变的情况下，3 号逆变器的输出电流减小。离网实验验证了孤岛模式下 P/Q 控制的有效性，可以稳定地控制各从机的交流侧输出功率（电流）。

第二章　分布式能源微型电网实验平台的关键技术

锁相环的主要作用是实时检测电网电压的频率、相角，是并网逆变器、整流器中非常重要的一环。锁相环的准确性、快速性将直接决定电流控制的效果。锁相环的种类分为硬件锁相和软件锁相。

三相电网电压不平衡是影响软件锁相环能否准确锁定相角的关键因素，不平衡时应提取其正序基波分量进行锁相。本章首先分析电网不平衡时电网电压矢量的组成情况，然后分别研究基于单同步坐标系的软件锁相环（SSRF - SPLL）、基于双同步坐标系的解耦软件锁相环（DDSRF - SPLL）和基于双二阶广义积分器的软件锁相环（DSOGI - SPLL）的工作原理并通过仿真分析抗电网扰动的能力。

第一节　单同步坐标系的软件锁相环

在理想电网环境下（三相电网电压平衡），电网电压中不存在负序和零序分量，只有正序基波分量，常用的软件锁相环为单同步坐标系的软件锁相环（SSRF - SPLL），它是先将三相静止坐标系 abc 下的电网电压转换在两相静止坐标系 $\alpha\beta$ 中，再把两相静止坐标系 $\alpha\beta$ 下的等效变量变成旋转坐标系 dq 下的变量，通过控制 q 轴电压实现对电网电压的锁相。其基本原理如图 2 - 1 所示。

假设理想电网环境下的三相电网电压为

$$u_{abc}=U\begin{bmatrix}\cos(\omega t)\\ \cos\left(\omega t-\frac{2}{3}\pi\right)\\ \cos\left(\omega t+\frac{2}{3}\pi\right)\end{bmatrix}\tag{2-1}$$

式（2 - 1）经过 Clark 变换到 $\alpha\beta$ 静止坐标系中，有

$$u_{\alpha\beta}=\begin{bmatrix}u_\alpha\\ u_\beta\end{bmatrix}=u_{\text{abc}}T_{\alpha\beta}\begin{bmatrix}\cos(\omega t)\\ \sin(\omega t)\end{bmatrix}\tag{2-2}$$

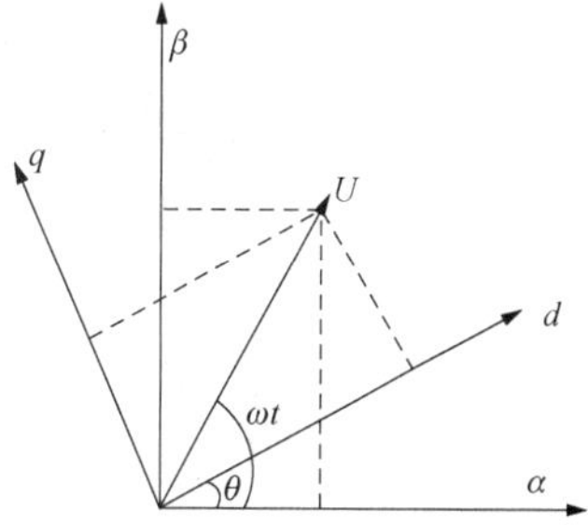

图 2 - 1　SSRF - SPLL 的基本原理

其中

$$T_{\alpha\beta}=\frac{2}{3}\begin{bmatrix}1 & 1/2 & 1/2\\ 0 & \sqrt{3}/2 & -\sqrt{3}/2\end{bmatrix}\tag{2-3}$$

式（2 - 2）经过 Park 变换到 dq 旋转坐标系（θ 为锁相环的锁相角度），有

$$u_{dq}=T_{dq}u_{\alpha\beta}=\begin{bmatrix}u_d\\ u_q\end{bmatrix}\tag{2-4}$$

其中

$$T_{dq}=\begin{bmatrix}\cos\theta & \sin\theta\\ -\sin\theta & \cos\theta\end{bmatrix} \tag{2-5}$$

由式（2-4）分析可得，通过调整锁相环的锁相角度可以控制 dq 轴电压大小。假设在稳态时，锁相环锁定电网电压，则有 $\theta=\omega t$，此时 $u_d=|U|,u_q=0$；反之，当 $u_q=0$ 时，此时锁定的相角为电网电压相角。

SSRF-SPLL 的系统框图如图 2-2 所示，其中 ω_{ff} 为电网额定角频率，一般取 314，mod 为求余函数。ω_o 为锁定的相角，经过积分后得到电压矢量的相角，然后反馈到 Park 变换中形成闭环回路控制系统。其中 ωt 表示电网电压的旋转角度，θ 为锁相环的输出角度，经过闭环系统的调节达到稳态后，$\omega t\approx\theta$，即 $u_q=0$，此时锁相完成。

为了便于理解锁相环工作的本质，将图 2-2 重新构造，如图 2-3 所示。由式（2-4）得到三相电网电压经过 Park 变换之后有 $u_q=U\sin(\omega t-\theta)$，当锁相环输出近似等于电网相角时有 $\omega t\approx\theta$，此时满足式（2-6）。

$$u_q=U\sin(\omega t-\theta)\approx U(\omega t-\theta) \tag{2-6}$$

图 2-3 中的 Clark 和 Park 变换本质上与图 2-2 虚线框中的部分是等价的。

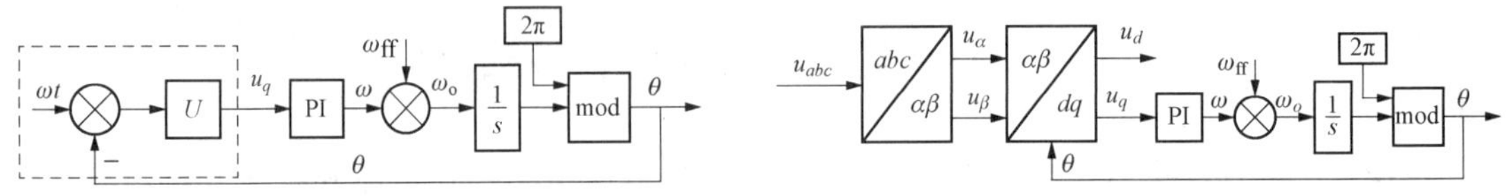

图 2-2　SSRF-SPLL 的系统框图

图 2-3　SSRF-SPLL 的控制结构

通过上述分析可以得出，当电网电压平衡时，只存在基波正序，由式（2-6）可以看出此时 u_q 为直流量，SSRF-SPLL 锁相环中的 PI 控制器可以完成无误差跟踪直流分量，所以可以完成锁相。但是当三相电网电压不平衡时，由式（2-6）可以得到

$$u_q=U^1\sin(\omega t-\theta)+U^n\sin(n\omega t-\theta) \tag{2-7}$$

由于谐波分量（正序谐波、负序基波、负序谐波）的存在，即使锁相完成 $\omega t\approx\theta$ 后，u_q 分量依旧会存在谐波分量，从而反馈到锁相环的闭环系统中，造成振荡，进而导致锁定相角不断振荡，无法完成锁相。

第二节　基于双同步坐标系的解耦软件锁相环

上一节中提到，在电网电压不平衡的环境下 SSRF-SPLL 锁相环由于受到 u_q 中交流分量的影响，很难完成锁相。此时，虽然可以通过减小锁相环系统的带宽滤除交流分量，但是减小带宽会使锁相环的响应速度变慢，极大地影响了锁相环的性能。如果能够迅速地提取电网电压中的基波正序分量，然后进行锁相，将会有效避免电网电压不平衡带来的影响。双同步坐标系的解耦软件锁相环（DDSRF-SPLL）就是基于这一思想完成锁相的。

将电压矢量等价为正序基波分量与谐波分量的组合，如图 2-4 所示，建立 d-q 和 d^n-q^n 双同步坐标系。$\boldsymbol{U}^1$ 为基波正序矢量，φ 为 U^1 与 d 轴的夹角；$\boldsymbol{U}^n$ 为 n 次谐波矢量，φ^n 为 U^n 与 d^n 轴的夹角；θ 为 d 轴与 α 轴的夹角，即锁相环锁相角度；$n\theta$ 为 d^n 轴与 α 轴的夹角；$\angle 1=\varphi^n-(\theta-n\theta)$，$\angle 2=\varphi+(\theta-n\theta)$。

由图 2-4 很容易得到式（2-8），考虑到不平衡电网环境中主要的谐波为奇次谐波分量及不平衡电网造成的负序分量，通过式（2-8）可以看出谐波正序分量（$n>0$）在旋转坐标系上的分量为（$n-1$）次的交流分量，谐波负序分量（$n<0$）在旋转坐标系上的分量为$-(n+1)$次的交流分量。通过锁相环闭环系统进行带宽限制，很容易将高次谐波分量衰减，这使得基波负序经过 park 变换后变为 2 次谐波，由于这个分量与基波分量比较接近，因此很难通过减小带宽的方式进行处理，而基波负序分量对锁相环影响最为严重。本节以影响最为严重的基波负序分量进行分析，即 $n=-1$。由式（2-8）得式（2-9）。

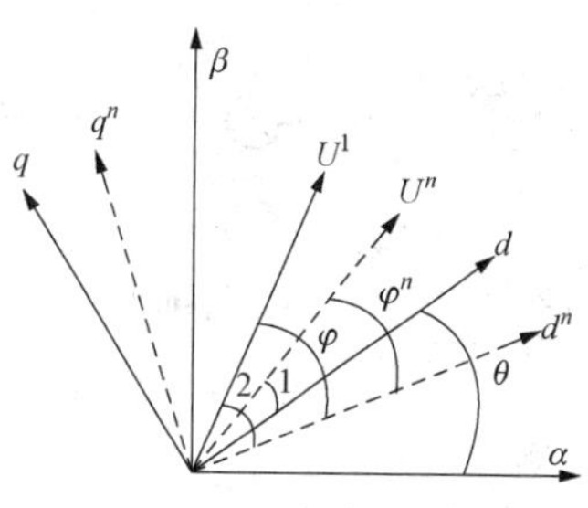

图 2-4　DDSRF-SPLL 双同步坐标系

$$\begin{cases} u_d = U^1\cos\varphi + U^n\cos[\varphi^n - (\theta - n\theta)] \\ u_q = U^1\sin\varphi + U^n\sin[\varphi^n - (\theta - n\theta)] \\ u_d^n = U^n\cos\varphi^n + U^1\cos[\varphi + (\theta - n\theta)] \\ u_q^n = U^n\sin\varphi^n + U^1\sin[\varphi + (\theta - n\theta)] \end{cases} \tag{2-8}$$

$$\begin{cases} u_d^+ = U^{+1}\cos\varphi^{+1} + U^{-1}\cos\varphi^{-1}\cos 2\theta + U^{-1}\sin\varphi^{-1}\sin 2\theta \\ u_q^+ = U^{+1}\sin\varphi^{+1} - U^{-1}\cos\varphi^{-1}\sin 2\theta + U^{-1}\sin\varphi^{-1}\cos 2\theta \\ u_d^- = U^{-1}\cos\varphi^{-1} + U^{+1}\cos\varphi^{+1}\cos 2\theta - U^{+1}\sin\varphi^{+1}\sin 2\theta \\ u_q^- = U^{-1}\sin\varphi^{-1} + U^{+1}\cos\varphi^{+1}\sin 2\theta + U^{+1}\sin\varphi^{+1}\cos 2\theta \end{cases} \tag{2-9}$$

式中：上角为 1 的变量表示相关基波变量；上角为-1 的变量表示相关基波负序变量；上角为$+1$ 的变量表示相关基波正序变量。

由式（2-9）可得出，基波负序分量的存在导致正序坐标系下 dq 轴上耦合了二倍频的交流分量，而其中基波正序和负序分量，也是将要提取的部分，因此只要通过合适的方法求取各式的平均值就可以提取出基波分量。

通过观察可以看出正负序基波分量相互耦合，因此可以得到解耦数学模型，如式（2-10）。其解耦框图如图 2-5 所示。其中$\overline{u_d^-}$、$\overline{u_q^-}$、$\overline{u_d^+}$、$\overline{u_q^+}$分别为电压的平均值。可以通过式（2-11）一阶低通滤波器得到。

$$\begin{cases} u_d^{*+} = U^{+1}\cos\varphi^{+1} = u_d^+ - \overline{u_d^-}\cos 2\theta - \overline{u_q^-}\sin 2\theta \\ u_q^{*+} = U^{+1}\sin\varphi^{+1} = u_q^+ + \overline{u_d^-}\sin 2\theta - \overline{u_q^-}\cos 2\theta \\ u_d^{*-} = U^{-1}\cos\varphi^{-1} = u_d^- - \overline{u_d^+}\cos 2\theta + \overline{u_q^+}\sin 2\theta \\ u_q^{*-} = U^{-1}\sin\varphi^{-1} = u_q^- - \overline{u_d^+}\sin 2\theta - \overline{u_q^+}\cos 2\theta \end{cases} \tag{2-10}$$

$$\mathrm{LPF}(s) = \frac{\omega_f}{s + \omega_f} \tag{2-11}$$

式中：ω_f 为截止频率。

对应的 Bode（伯德）图如图 2-6 所示。

采用低通滤波器可以有效地滤除交流分量，但是滤波器的带宽与响应速度是相互矛盾的，所以只依赖滤波器提取纯净的直流分量，会增加滤波器参数的设计难度。由图 2-6 可知，随着 ω_f 的增加，滤波器的带宽变大，在 100Hz 处的衰减能力减弱。图 2-7 为滤波器的阶跃响应，随着 ω_f 的增加，响应速度变快。因此在选择 ω_f 时需要折中处理。

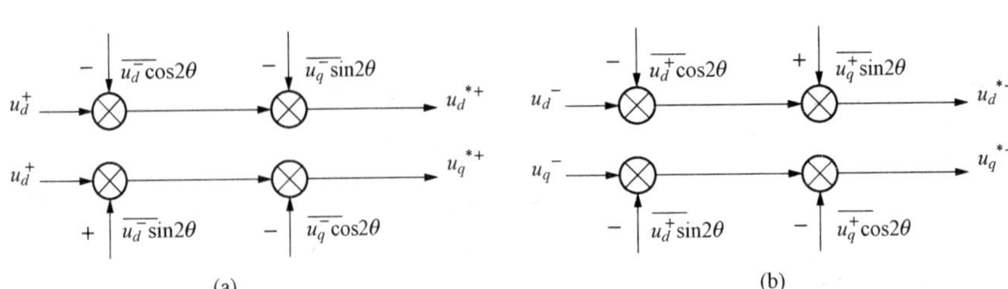

图 2-5　解耦框图

(a) 正序解耦框图；(b) 负序解耦框图

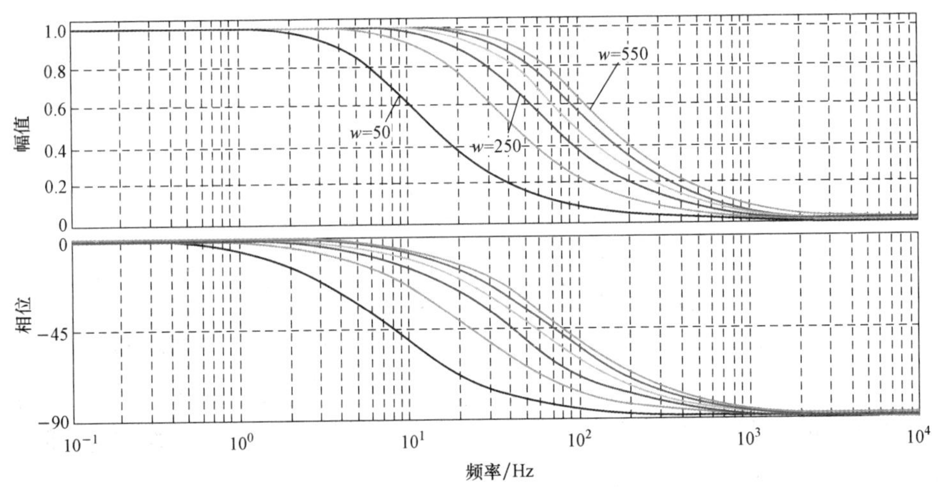

图 2-6　Bode 图

在设计好参数后，经过离散化后很容易得到差分方程并完成数字化。

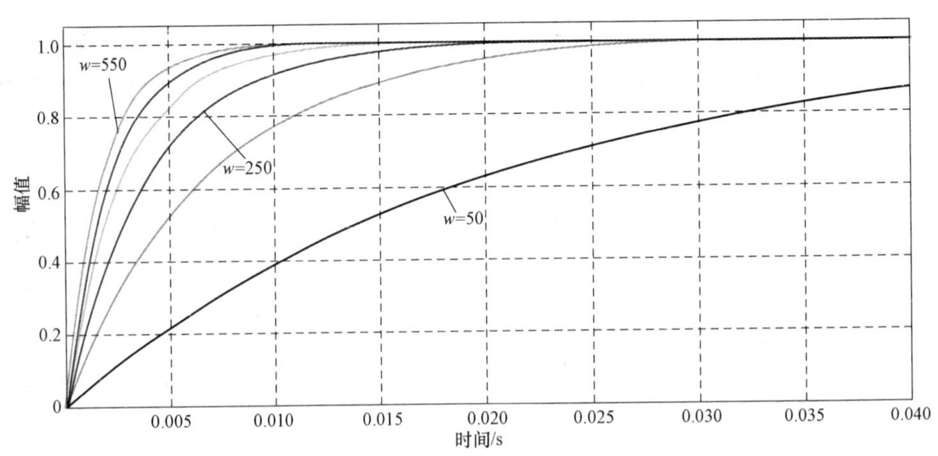

图 2-7　滤波器的阶跃响应

DDSRF-SPLL 的系统框图如图 2-8 所示。在三相电网电压不平衡环境下，通过两个坐标系的转换和正负序解耦单元之后提取基波正序分量，然后对 u_q^{*+} 进行锁相。需 $\alpha\beta-dq^-$ 模块的变换公式如下

$$T_{dq}^{-}=\begin{bmatrix}\cos\theta & -\sin\theta\\ \sin\theta & \cos\theta\end{bmatrix} \tag{2-12}$$

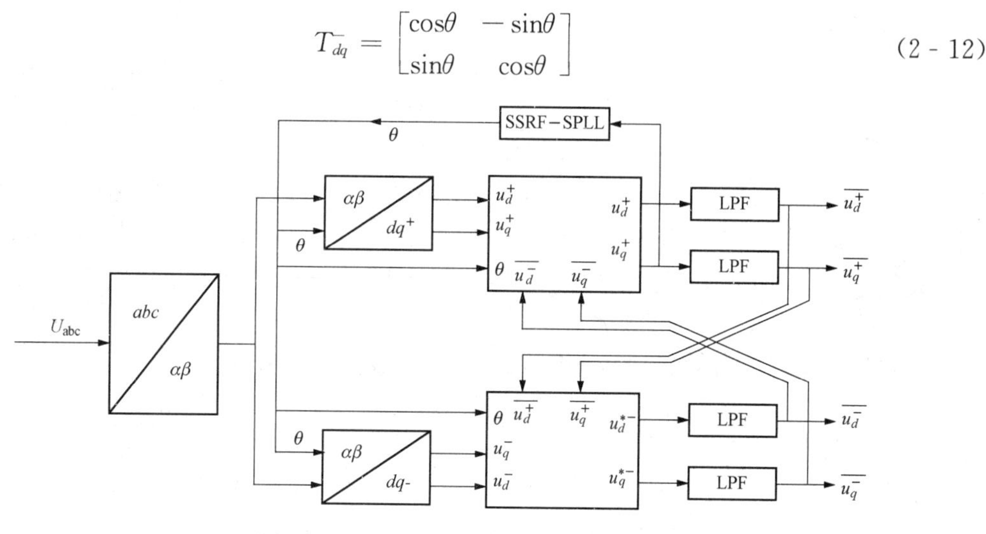

图 2-8　DDSRF-SPLL 的系统框图

第三节　基于双二阶广义积分器的软件锁相环

由于 DDSRF-SPLL 只是针对基波负序分量进行解耦滤除，当系统中存在大量谐波时，在 dq 轴上会耦合大量的其他次谐波分量，通过减小控制器的带宽可以将高次谐波滤除，但是对于低次谐波分量，则很难完全滤除。另外 DDSRF-SPLL 算法的运算量非常大，实现较为复杂。

常用的提取正序分量的方法是在三相交流分量上使用对称分量法进行正负序分离，其运算公式如下。

$$\begin{bmatrix}u_a^+\\ u_b^+\\ u_c^+\end{bmatrix}=\frac{1}{3}\begin{bmatrix}1 & a & a^2\\ a^2 & 1 & a\\ a & a^2 & 1\end{bmatrix}\begin{bmatrix}u_a\\ u_b\\ u_c\end{bmatrix}=\begin{bmatrix}\frac{1}{2}u_a-\frac{1}{2\sqrt{3}j}(u_b-u_c)\\ -(u_a+u_c)\\ \frac{1}{2}u_c-\frac{1}{2\sqrt{3}j}(u_a-u_b)\end{bmatrix} \tag{2-13}$$

式中：j 为对信号进行 90°相移，$j=e^{-j\frac{\pi}{2}}$；$a=-\frac{1}{2}+j\frac{\sqrt{3}}{2}$。

若直接使用式（2-13）进行正负序分离，计算量较大，可对其进行适当的变形，具体阐述如下。

当三相电网电压不平衡时，式（2-13）简化表示为

$$U_{abc}^{+}=[u_a^+\quad u_b^+\quad u_c^+]^T=[T^+]U_{abc} \tag{2-14}$$

对电网电压进行 Clark 变换，则有

$$U_{\alpha\beta}=[u_\alpha\quad u_\beta]^T=[T_{\alpha\beta}]U_{abc} \tag{2-15}$$

式中

$$T_{\alpha\beta}=\frac{2}{3}\begin{bmatrix}1 & 1/2 & 1/2\\ 0 & \sqrt{3}/2 & -\sqrt{3}/2\end{bmatrix} \tag{2-16}$$

因此，两相静止 $\alpha\beta$ 坐标系下的电压正序分量 $U_{\alpha\beta}^{+}$ 为

$$\begin{aligned} U_{\alpha\beta}^{+} &= [T_{\alpha\beta}]U_{abc}^{+} = [T_{\alpha\beta}][T^{+}]U_{abc} = [T_{\alpha\beta}][T^{+}][T_{\alpha\beta}]^{-1}U_{\alpha\beta} \\ &= \frac{1}{2}\begin{bmatrix} 1 & -j \\ j & 1 \end{bmatrix} U_{\alpha\beta} = \frac{1}{2}\begin{bmatrix} u_{\alpha} & -ju_{\beta} \\ ju_{\alpha} & +u_{\beta} \end{bmatrix} \end{aligned} \tag{2-17}$$

由式（2-17）可知，要完成对电网电压正序分量的提取，需要对输入电压信号进行 90°相移，从而获得相互正交的两个分量。通常情况下，90°相移方案包括周期延迟、微分及带通滤波器等，但是这些方案对频率的变化响应较慢，尤其是微分方案对电压谐波较为敏感。采用合适的数字滤波器可以实现 90°相移，因此数字滤波器的设计也是整个算法能否实现的核心问题。有文献提出了一种基于二阶广义积分器（Second Order Generalized Integrator，SOGI）的 90°相角偏移方案产生两相正交信号，这一方案不仅可以实现对输入信号 90°相角偏移，还可以滤除高次谐波。其控制方案的系统框图如图 2-9 所示。

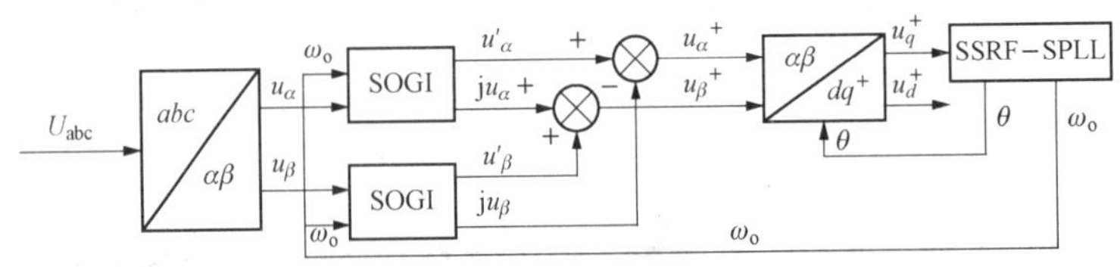

图 2-9　DSOGI-SPLL 的系统框图

图 2-9 中 SOGI 模块为正交信号发生器，其作用是将输入信号进行滤波，保留指定频率段的信号，同时产生另一路与之正交的信号。SOGI 主要是通过构建基于内模原理的自适应滤波器来实现上述目标。

由内模原理可知，要实现对某一频率的正弦信号进行无静差的跟踪，要求控制系统的开环传递函数中必须包含正弦信号的 s 域模型，使得控制系统在该频率处的控制增益在理论上趋于无穷大，从而实现对该频率信号的无静差跟踪。下面直接给出 SOGI 模块中 s 域传递函数［式（2-18）和式（2-19）］，然后通过 Bode 图对其传递函数的特性进行分析。

$$D(s) = \frac{u'}{u} = \frac{k\omega s}{s^2 + k\omega s + \omega^2} \tag{2-18}$$

$$Q(s) = \frac{\mathrm{j}u}{u} = \frac{k\omega^2}{s^2 + k\omega s + \omega^2} \tag{2-19}$$

式中：k 为传递函数增益；ω 为谐振频率。

图 2-10 为 $D(s)$传递函数 Bode 图，通过幅频特性可以看出，$D(s)$为带通滤波器，以谐振点为中心，其中 $\omega=314$。随着 k 值的减小，滤波器带宽减小，滤波效果变好，但是响应速度变慢。通过相频特性可以看出，滤波器在谐振点处的相移为零。图 2-11 为 $Q(s)$传递函数的 Bode 图，通过幅频特性可以看出，滤波器在低频段的衰减较弱，谐振点处的增益为 1。随着 k 值的减小，滤波效果变好，但响应速度变慢，谐振点之后迅速衰减，所以滤波器在高频段具有很好的滤波效果。通过相频特性可以看出，谐振点处的相移始终为－90°，实现了移相的目的。

通过上述分析，鉴于滤波效果与响应速度相互矛盾，可以折中考虑取 $k=1.5$。在 $Q(s)$传递函数的 Bode 图中可以看出，其低频段的滤波能力较差，考虑到电网中的谐波主要以奇次谐波为主，而且电网的频率偏移不会太大，所以滤波器的低频段的滤波能力不会影响到滤波器的滤波效果。

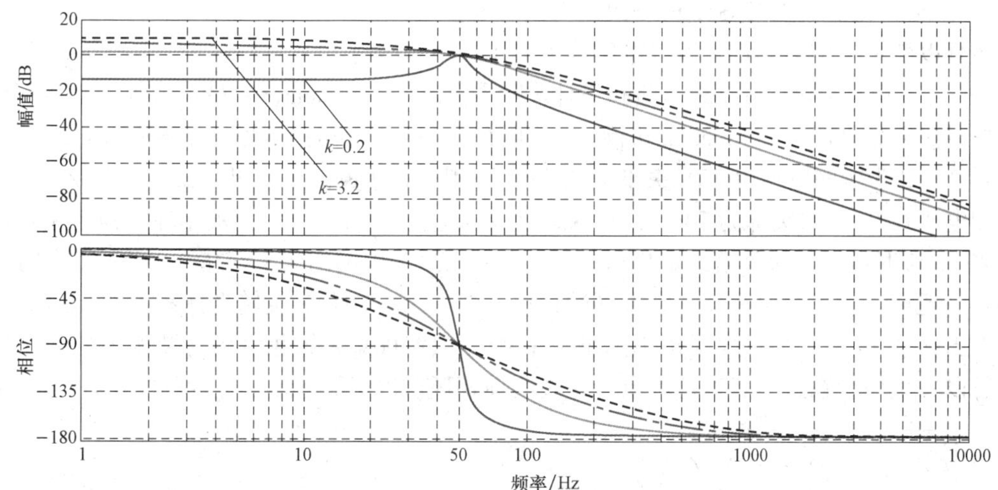

图 2-10 $D(s)$ 传递函数 Bode 图

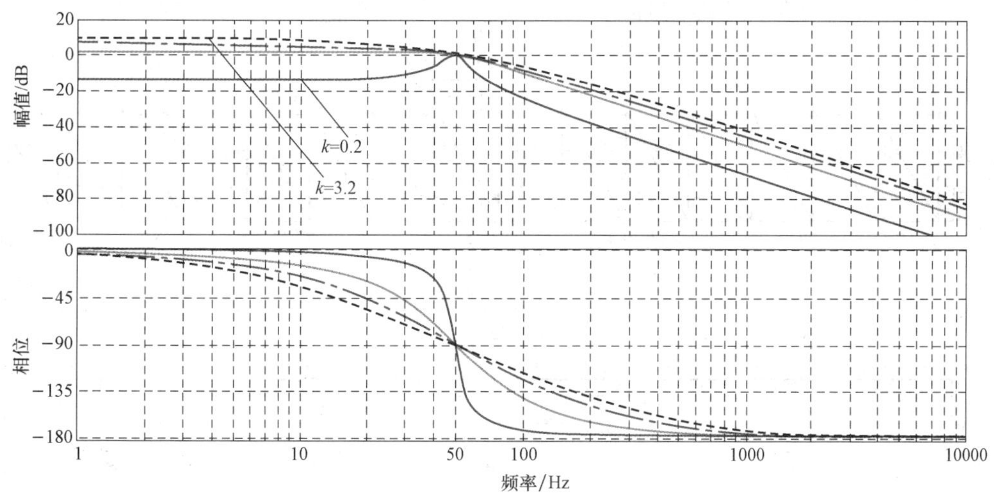

图 2-11 $Q(s)$ 传递函数 Bode 图

需要指出的是，上述滤波器的谐振点，即 ω 为固定值，即谐振频率是固定不变的。如果电网的电压频率发生偏移，由于滤波器在非谐振点处的增益不再为 1，相移也不是 0°或者−90°，锁相的结果必然会产生一定的误差，恶化锁相环的锁相能力。为解决这一问题，可以将锁相环的输出频率作为滤波器的谐振点，这样随着电网频率的变化，滤波器的谐振点也会发生改变，从而保证电网的基波分量可以无衰减地提取，同时不影响滤波器对其他谐波分量的滤波能力。这样，二阶广义积分器就实现了频率的自适应能力。

第四节　电网电压突变时锁相验证

电网电压突变时锁相验证一般从电压幅值突变、电压相位突变、电压频率突变三个方面展开。但此处只给出电压幅值突变的仿真验证，另外两种情况不再赘述。

(一) 电网电压突变时 SSRF - SPLL 仿真分析

仿真以微型电网为背景，所以电压等级以 15V 作为标准电压进行验证。

Simulink 仿真采用 s - function 进行设计，除主电路使用 simulink 自带模块外，锁相环部分全部采用基于 C 语言的 s - function 执行。C 代码在 CCS 5.5 环境中编写，并移植到 simulink 中。

图 2 - 12 为电网电压由 15V 突变到 5V 时 SSRF - SPLL 锁相结果。其中，图 2 - 12 (a) 为三相电压在 0.1s 时突降为 5V，0.2s 突增为 15V；图 2 - 12 (b) 为锁相环的锁定相角，在 0.1s 和 0.2s 时可以很快重新锁定相角；图 2 - 12 (c) 为电网的频率，在 0.1s 和 0.2s 时频率有一定的超调，但是很快重新锁定电网的频率。图 2 - 12 (d) 为旋转坐标系下的 dq 轴电压，可以看出在 0.1s 和 0.2s 时，响应速度很快；图 2 - 12 (e) 为 a 相电压与锁相环的余弦值对比，可以看出两者在过零点处基本重合，说明锁相环可以很好地锁定电网的相位。

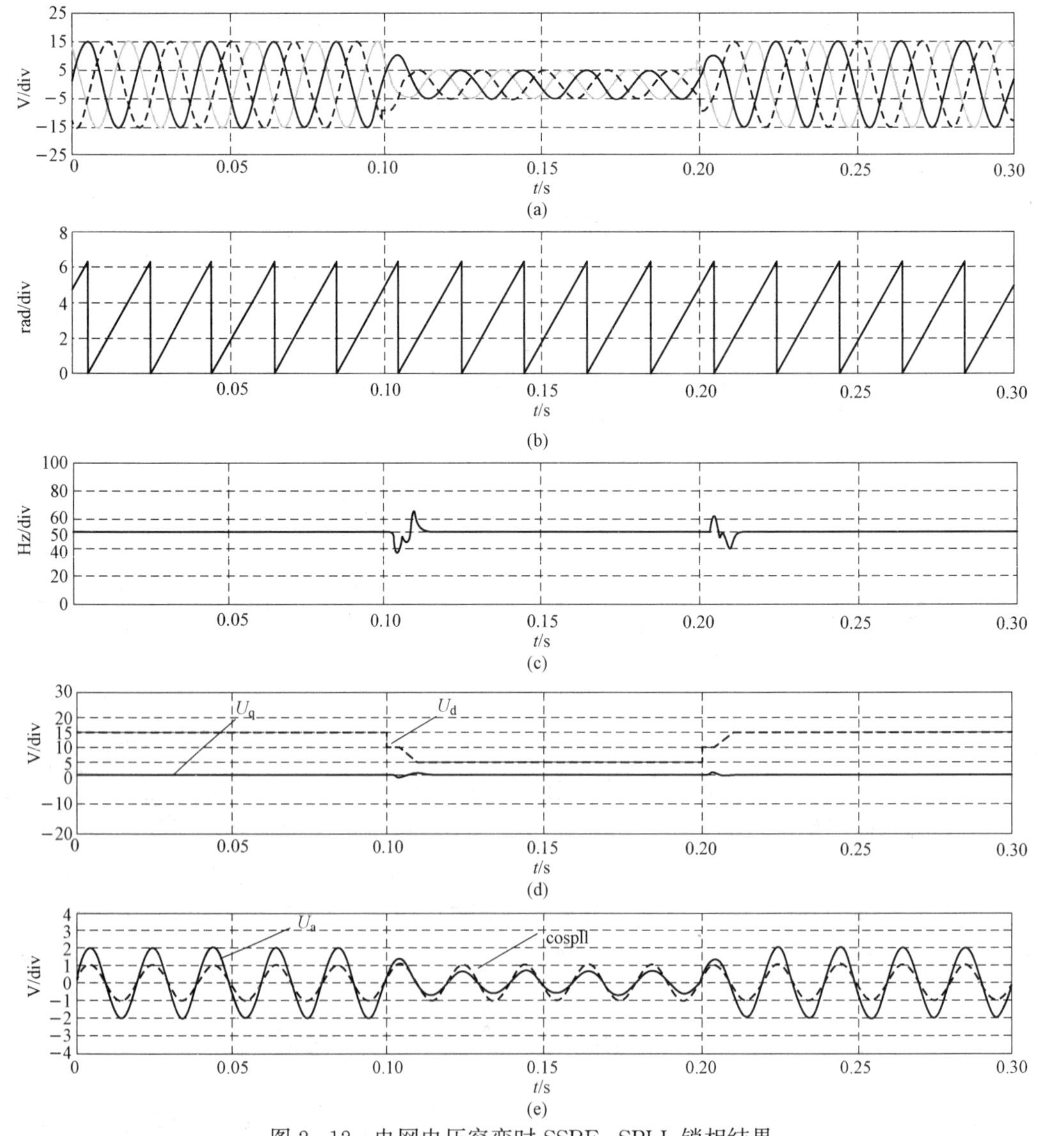

图 2 - 12　电网电压突变时 SSRF - SPLL 锁相结果

(a) 三相电网电压；(b) 锁定相角；(c) 电网频率；(d) dq 轴电压；(e) a 相电压与锁相余弦值

（二）电网电压突变时 DDSRF - SPLL 仿真分析

图 2 - 13 为电网电压由 15V 突变到 5V 时 DDSRF - SPLL 锁相结果，由于双同步坐标系相对于单同步坐标系的锁相环增加了正负序解耦的环节并引入了低通滤波器，在稳态时，其响应速度相对于前者有所下降，但依旧可以在半个周期内完成锁相。

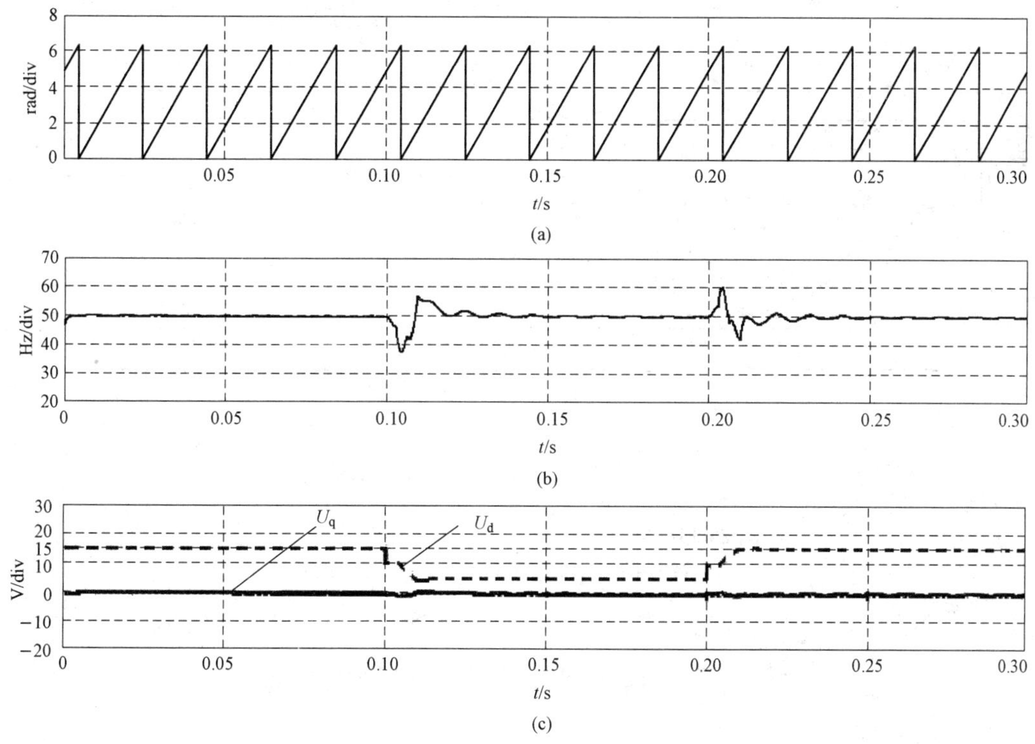

图 2 - 13　电压突变时 DDSRF - SPLL 锁相结果

（a）锁定相角；（b）电网频率；（c）dq 轴电压

（三）电网电压突变时 DSOGI - SPLL 仿真分析

图 2 - 14 为电网电压由 15V 突变到 5V 时 DSOGI - SPLL 锁相结果，基于广义二阶积分的锁相环，其相对于单同步坐标系而言增加了四个数字滤波器，以获取正交分量进而提取基波正序分量。DSOGI - SPLL 锁相环的响应速度主要受限于滤波器，而滤波器的滤波效果与响应速度又是相互矛盾的，所以需要折中选择滤波器的参数（该仿真中 $k=1.5$）。可以看出，DSOGI - SPLL 锁相环对于电网电压突变同样具有较快的响应速度，而且可以准确地锁定电网的相位、频率和幅值。

通过上述仿真分析可以得知，三种锁相环对电网电压突变的情况都可在半个周期内重新锁相成功。由于 SSRF - SPLL 锁相环将电网电压直接作为输入，而 DDSRF - SPLL 与 DSOGI - SPLL 首先提取基波，因此在响应速度上有滞后，但依然可在半周期内完成锁相。

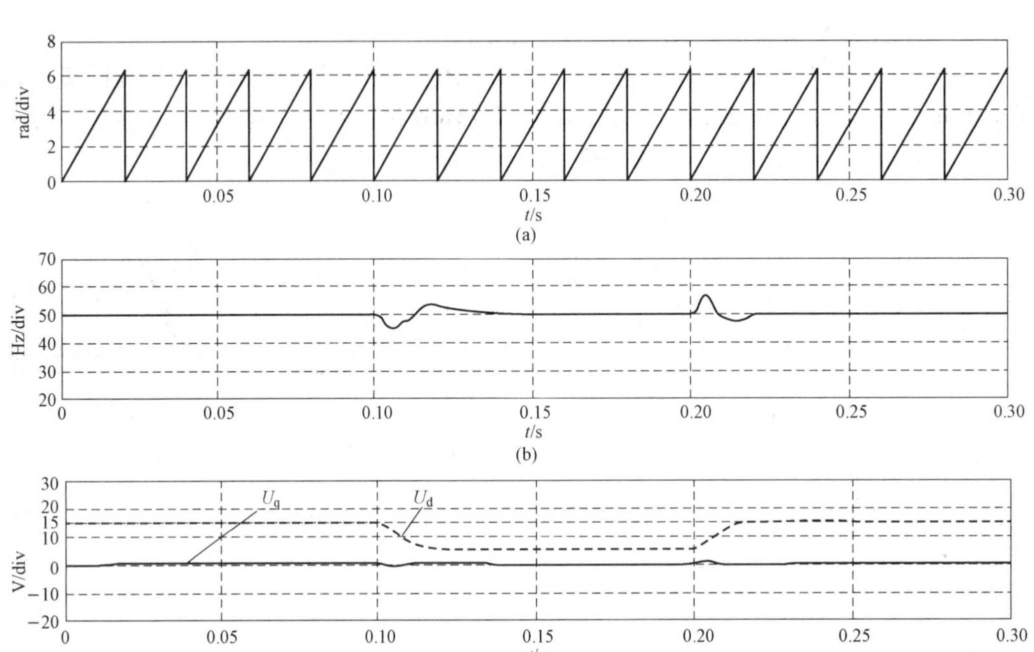

图 2-14　电压突变时 DSOGI-SPLL 锁相结果

(a) 锁定相角；(b) 电网频率；(c) dq 轴电压

第五节　电网电压不平衡时锁相验证

电网电压不平衡时，电网电压中将存在负序分量，如果不加处理，经过 park 变换后将会以交流分量的形式耦合到 dq 轴中，从而导致锁相环不能正常锁相。仿真验证中模拟三相不平衡电压为

$$\begin{cases} u_a = 20\cos(314t) \\ u_b = 10\cos(314t - 120^\circ) \\ u_c = 15\cos(314t + 120^\circ) \end{cases} \tag{2-20}$$

一、电网电压不平衡时 SSRF-SPLL 仿真分析

图 2-15 为三相电网不平衡时 SSRF-SPLL 锁相结果。图 2-15（a）为三相电压波形在 0.1s 处发生三相不平衡，0.25s 处恢复正常；图 2-15（b）为锁相环的相角输出，可以看出在 0.1s 之后相角发生明显的畸变，不再是线性变化；图 2-15（c）为锁定的频率，可以看出在 0.1s 由于三相电压不平衡，频率开始振荡，且振荡幅值在 20Hz 左右；图 2-15（d）为 dq 轴电压，其也在 0.1s 后开始振荡，说明锁相环无法跟踪电网的相位；图 2-15（d）为 a 相电压与锁相环的角度余弦值对比图，可以看出在 0.1s 后，相角的余弦值发生明显的畸变，无法准确地跟踪电网电压相位。综上可得，SSRF-SPLL 在电网电压不平衡时，由于负序分量的存在无法准确锁相。

二、电网电压不平衡时 DDSRF-SPLL 仿真分析

图 2-16 为三相电网不平衡时 DDSRF-SPLL 锁相结果，其电网环境与图 2-15 中完全相

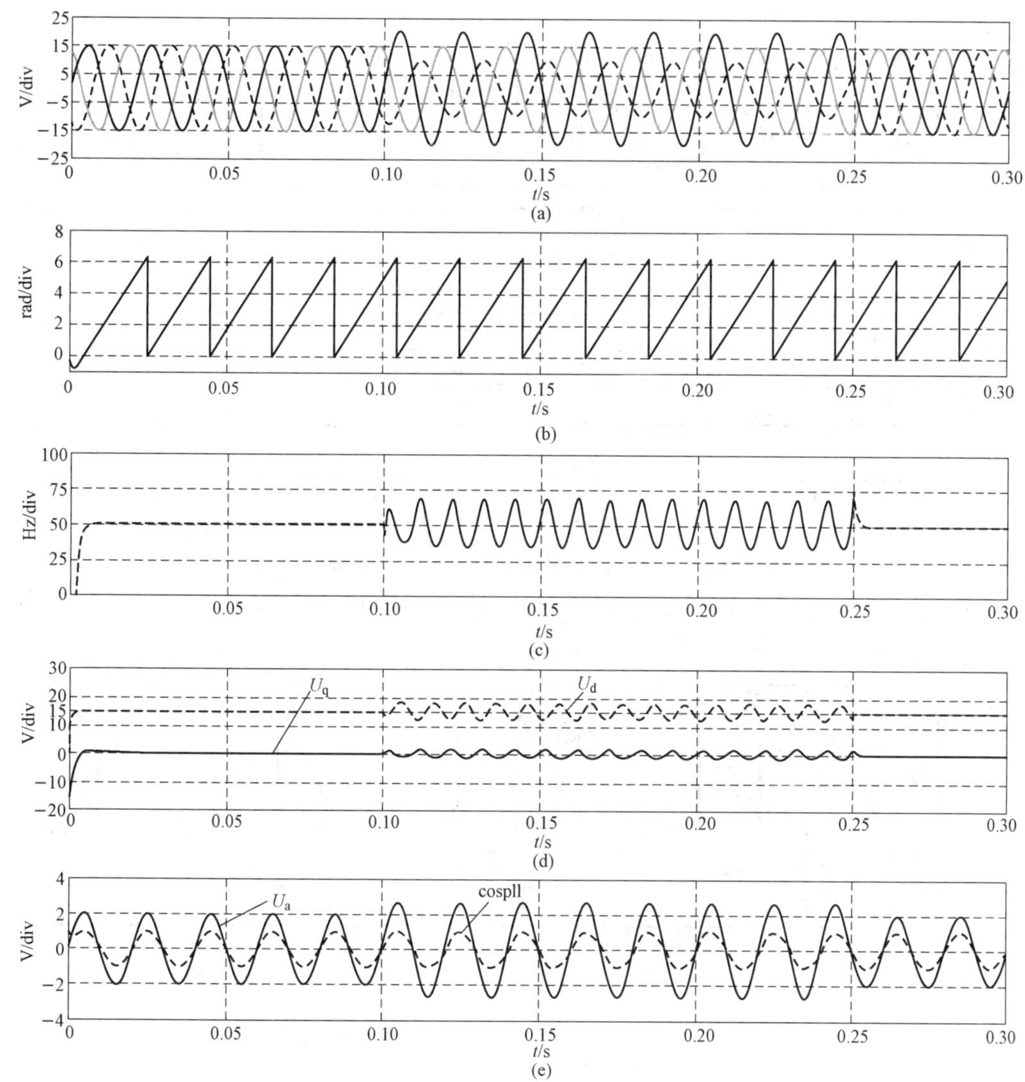

图 2-15　三相电网不平衡时 DDSRF-SPLL 锁相结果

(a) 三相电网电压；(b) 锁定相角；(c) 电网频率；(d) dq 轴电压；(e) a 相电压与锁相余弦值

同。通过图 2-16 (a) 可以看出，在 0.1s 之后在两个周期内锁定电网的相角；图 2-16 (b) 表明在 0.1s 经过两个周期的振荡之后重新锁定电网的频率；图 2-16 (c) 中 V_d、V_q 表示 dq 两个轴的基波正序电压，在 0.1s 之后达到稳定，完成锁相。综上可知，DDSRF-SPLL 在不平衡电网情况下，可以在两个周期内完成锁相。

三、电网电压不平衡时 DSOGI-SPLL 仿真分析

图 2-17 为三相电网不平衡时 DSOGI-SPLL 锁相结果，其电网环境与图 2-15 中完全相同。

通过图 2-17 (a)、(b) 可知，0.1s 后在一个周期内锁相环重新锁相完成，而且振荡量很小；图 2-17 (c) 表明基波正序电压 dq 的振荡很小，且很短时间内恢复稳定；图 2-17 (d) 为提取基波正序 α、β 正交分量没有发生畸变，滤波器具有良好的性能。

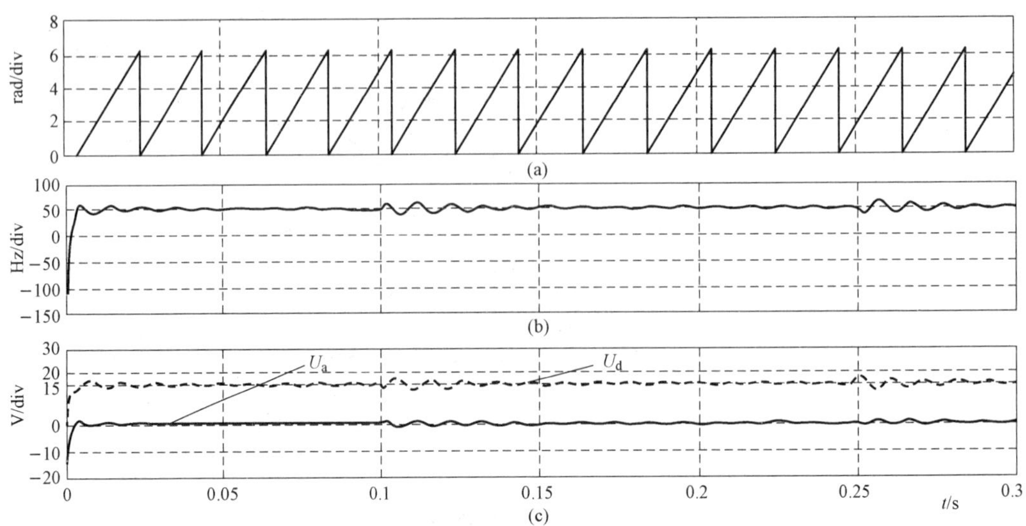

图 2-16　三相电网不平衡时 DDRF-SPLL 锁相结果

（a）锁定相角；（b）电网频率；（c）a 相电压与锁相余弦值

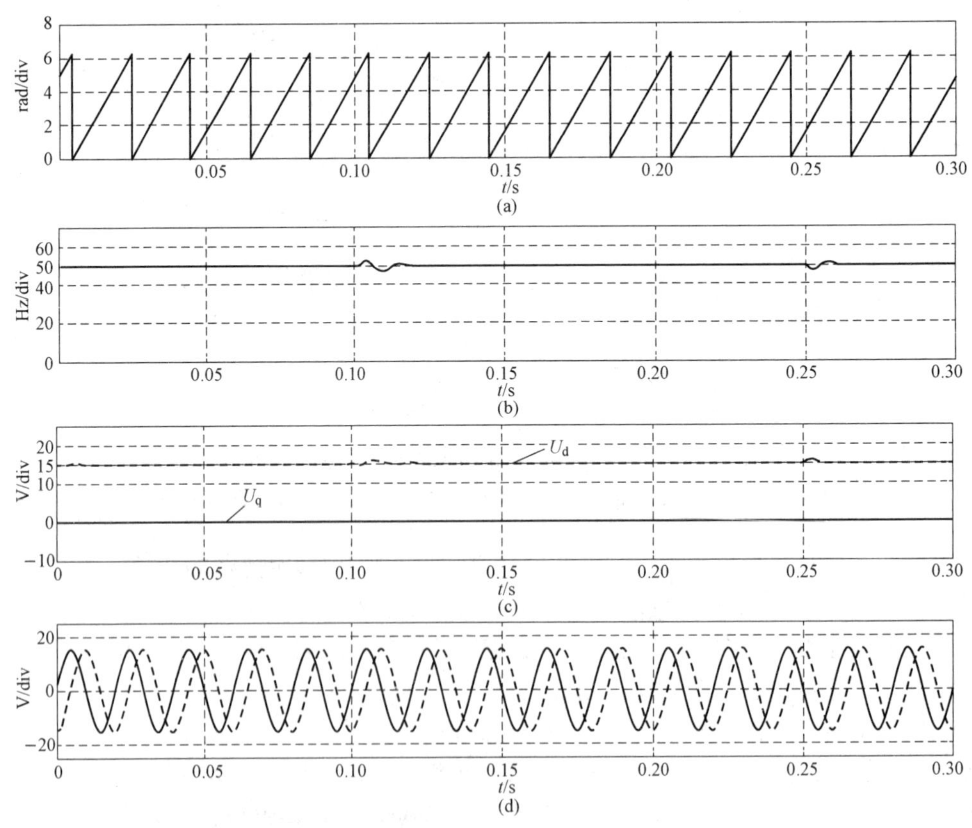

图 2-17　三相电网不平衡时 DSOGI-SPLL 锁相结果

（a）锁定相角；（b）电网频率；（c）a 相电压与锁相余弦值；（d）基波正序 α、β 正交分量

通过电网电压不平衡条件下三种锁相环的仿真分析可知，SSRF - SPLL 无法正常完成锁相；DDSRF - SPLL 通过提取解耦后的基波正序分量完成锁相；DSOGI - SPLL 通过直接提取基波正序分量进行锁相，具有良好的动态和稳态性能。

第六节　谐波电网环境时锁相验证

一、谐波电网环境时 SSRF - SPLL 仿真分析

在谐波电网环境下，谐波分量将以交流分量的形式作用在 dq 坐标系中，从而导致锁相环不能正常锁相，而且，低次谐波对锁相环的影响要远大于高次谐波。

图 2 - 18（a）模拟了谐波电网环境，在 0.1s 时突变为谐波电网，其中谐波主要以 3 次和 5 次低次谐波为主，0.25s 后恢复正常。从图 2 - 18 中可以看出，由于谐波的影响，SSRF - SPLL 锁相环的锁定相角、电网频率及 dq 轴电压中都会含有一定的交流分量，无法准确锁相。

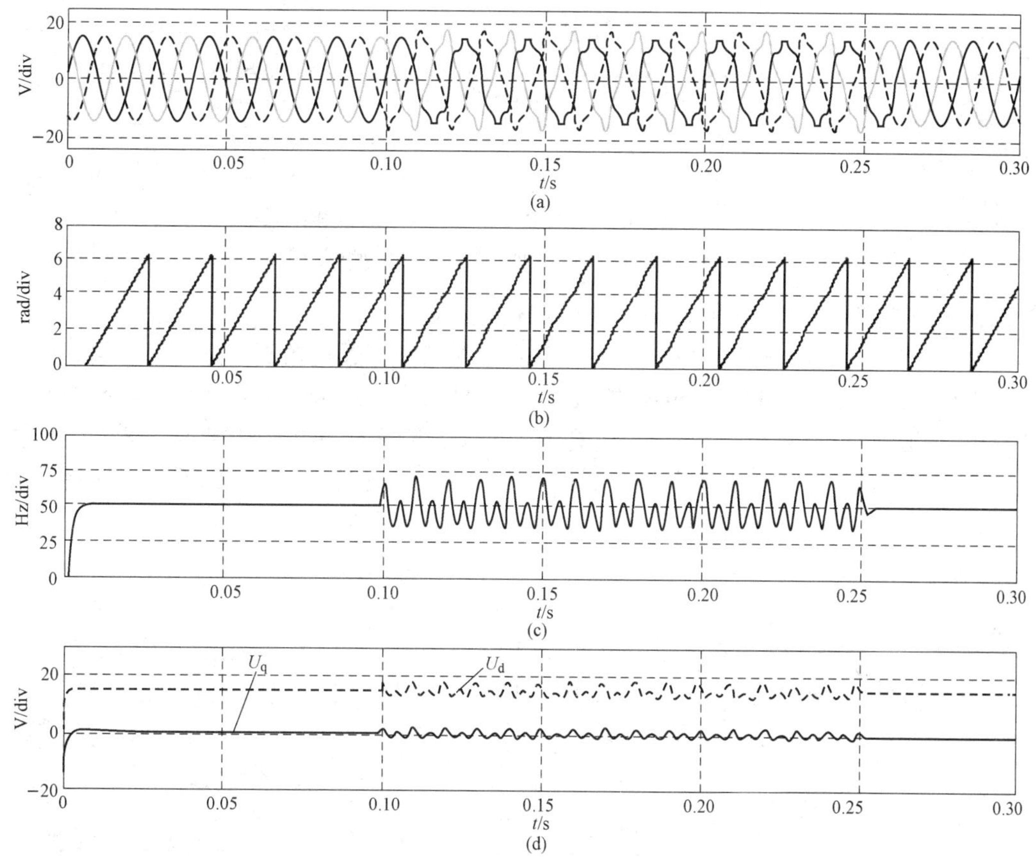

图 2 - 18　谐波电网环境时 SSRF - SPLL 锁相结果

（a）三相电网电压；（b）锁定相角；（c）电网频率；（d）dq 轴电压

二、谐波电网环境时 DDSRF - SPLL 仿真分析

图 2 - 19 为谐波电网环境时 DDSRF - SPLL 锁相结果，可以看出在锁相环的相角、电网

频率和 dq 轴电压中都会含有一定的交流分量，这是因为正负序解耦主要针对的是负序基波分量。若要对每一个谐波分量进行解耦，需要建立对应同步坐标系分别解耦，很显然在硬件条件有限的情况下，这种做法并不可取。

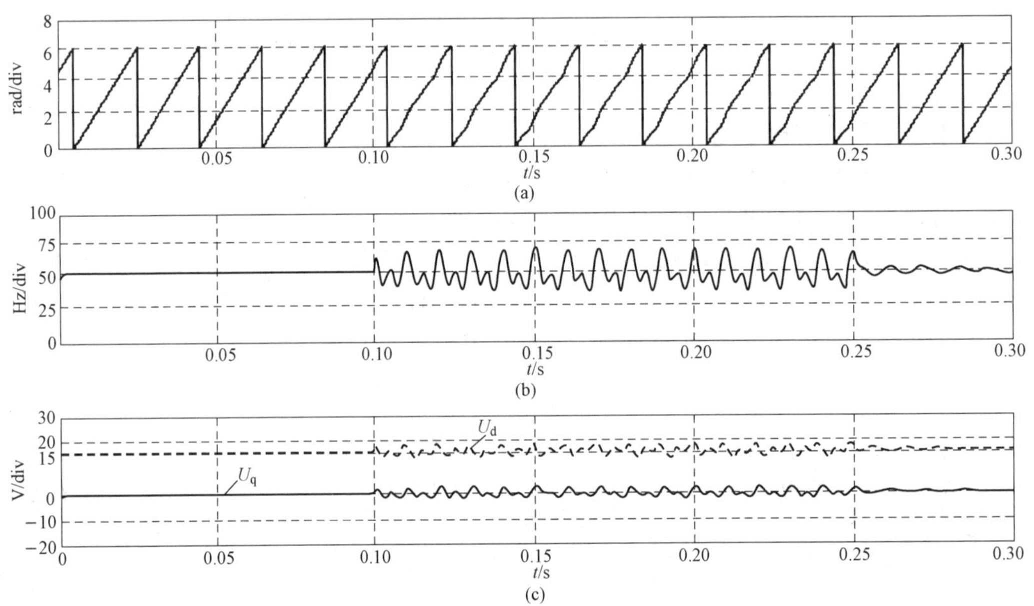

图 2-19　谐波电网环境时 DDSRF-SPLL 锁相结果

（a）锁定相角；（b）电网频率；（c）dq 轴电压

三、谐波电网环境时 DSOGI-SPLL 仿真分析

图 2-20 为谐波电网环境时 DSOGI-SPLL 锁相结果，通过仿真波形可以看出，尽管电网电压发生了严重畸变，但是锁相环的输出并未受到太大的影响，锁定相角、电网频率及基波正序的 dq 轴电压都可以正常输出。这是因为广义二阶积分器相当于带通滤波器，只要参数设计合理，理论上可以只保留谐振频率对应的分量。通过图 2-20 可以看出，在提取的基波正序分量中几乎没有谐波分量，从而锁相环可以正常锁定基波正序分量。

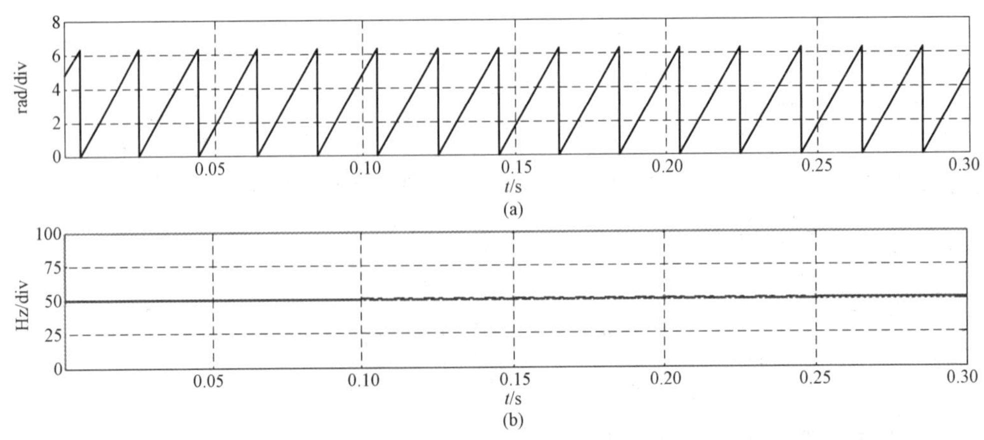

图 2-20　谐波电网环境时 DSOGI-SPLL 锁相结果（一）

（a）锁定相角；（b）电网频率

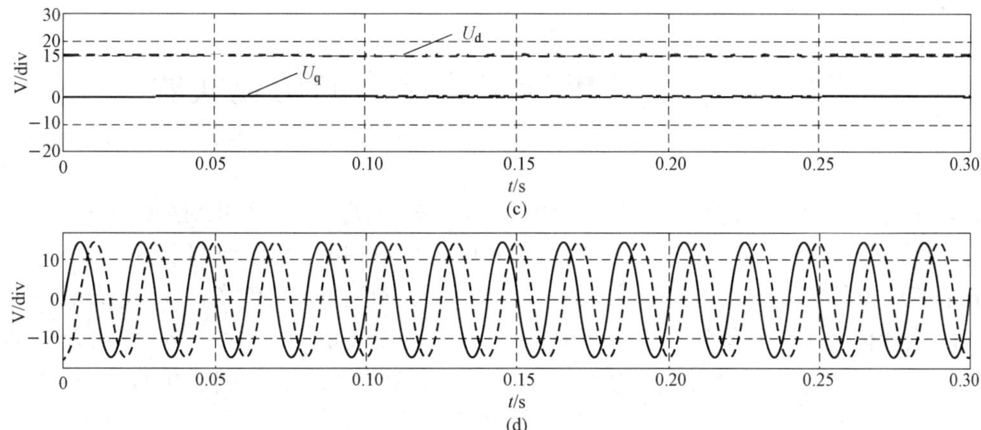

图 2-20　谐波电网环境时 DSOGI-SPLL 锁相结果（二）

（c）a 相电压与锁相余弦值；（d）基波正序 α、β 正交分量

第三章　微型电网实验平台的仿真实验

本章将介绍微型电网仿真与实验平台的构建，其中仿真软件采用MATLAB，其搭建基于s-function系统仿真模型如图3-1所示。其中，H-Bridge模块为封装的三电平逆变桥，L-filter模块为封装滤波器，Programm source模块为封装的可编程的三相交流电源，电压与电流的测量模块全部封装到上述模块中。Control part模块为s-function模块及驱动信号产生模块，s-function的中断时间为12.8kHz，完全模拟DSP。逆变器仿真参数如表3-1所示。

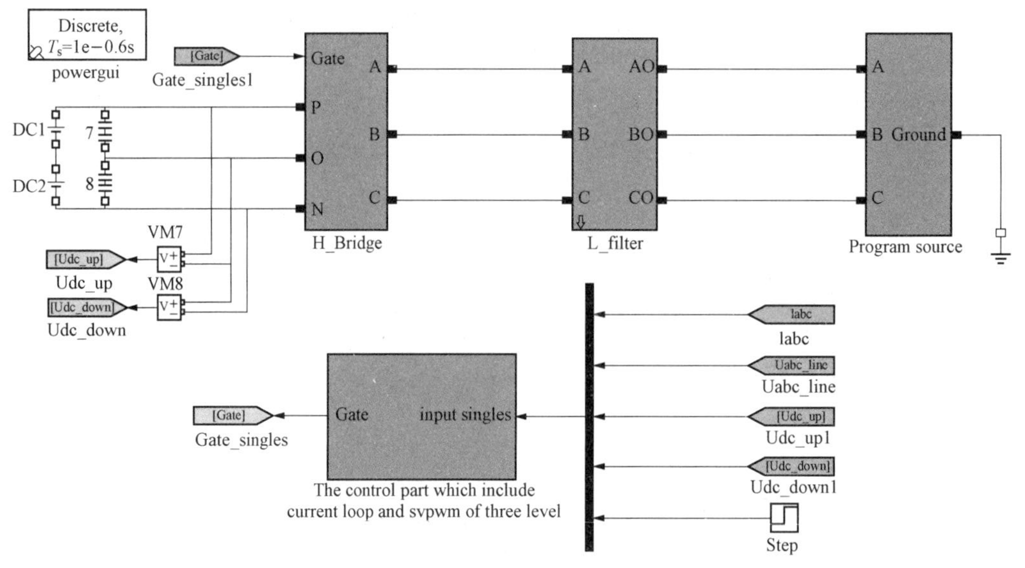

图3-1　三电平并网逆变器仿真模型

表3-1　　逆变器仿真参数

仿真参数	数值	仿真参数	数值
直流侧电压/V	30	直流母线分压电容/μF	1500
交流相电压峰值/V	15	寄生电阻/Ω	0.02
开关频率/kHz	12.8	电流环比例系数 K_p	7.25
并网电流峰值/A	4	电流环比例系数 K_i	0.25
交流电感/mH	1.7		

第一节　基于PI控制器电流环仿真

为验证电流环的动态性能及稳态性能，将 d 轴电流的参考指令设置为阶跃信号，在0.1s

处电流指令由2A突增为4A，如图3-2所示，可以看出d轴具有良好的动态响应速度，能够在非常短的时间内完成指令跟踪；图3-3为a相电压与电流波形（为了便于观察，对电压的波形进行了3倍缩小），可以看出，电压与电流同相位，从图3-4的谐波含量可以看出，a相电流谐波总畸变THD约为2.12%，其中5、7次等谐波含量较高。

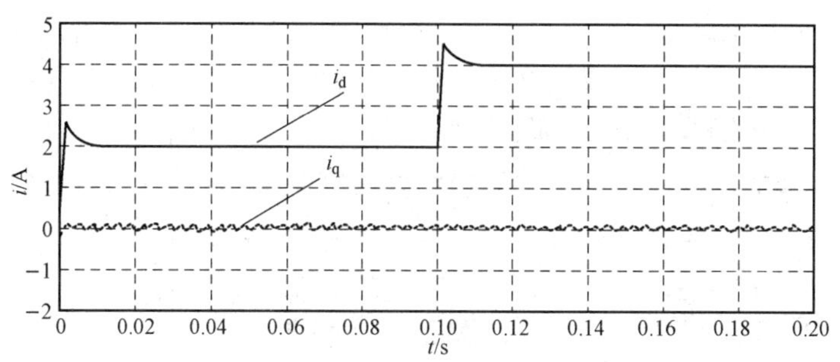

图3-2　dq轴电流反馈

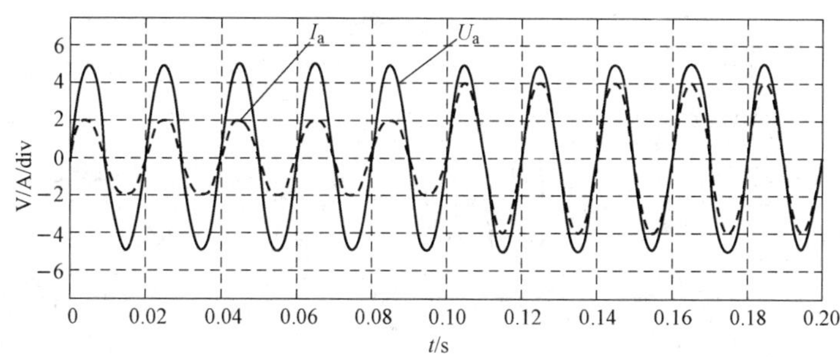

图3-3　a相电压与电流波形

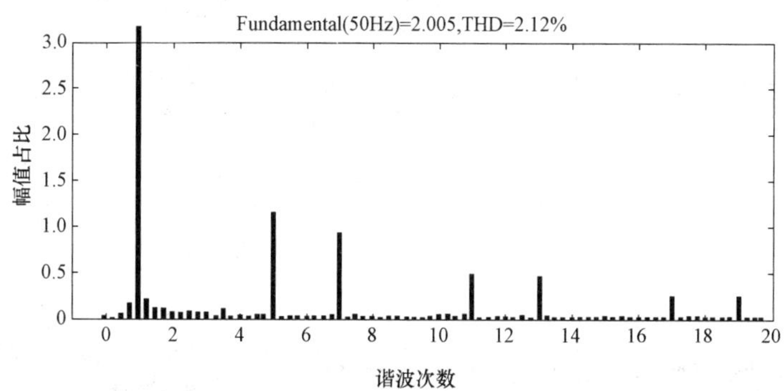

图3-4　a相电流THD含量

通过仿真分析，按照典型系统设计的基于PI控制器的三电平逆变器在正常电网环境下具有良好的动态和稳态性能，可以获得纯净的正弦电流波形。

第二节　改进型谐波抑制策略仿真

为了验证改进型谐波抑制策略的正确性，在s-function中将控制算法切换为改进型谐波抑制策略。同时，在电网电压中加入大量的 5 次谐波分量，如图 3-5（a）所示，三相电网电压发生了严重的畸变。

图 3-5（b）为 a 相电流与电压波形，可以看出在电网严重畸变的环境下，采用改进型谐波抑制策略可以输出纯净的电流波形，而且电压电流同相位，单位功率因数运行。图 3-5（c）为三相电流波形，可以看出输出电流在一个周期内达到稳定，三相电流都可以获得较为纯净的正弦波。图 3-6 为 a 相电流的 THD 为 1.15%，由于控制系统中引入了 5、7、11 次谐振控制器，因此对应次谐波含量都低于 5%。图 3-5（d）为中性点电位波形，可以看出电位的波动范围在 0.25V 以内，进一步验证中性点电位平衡抑制策略的有效性。

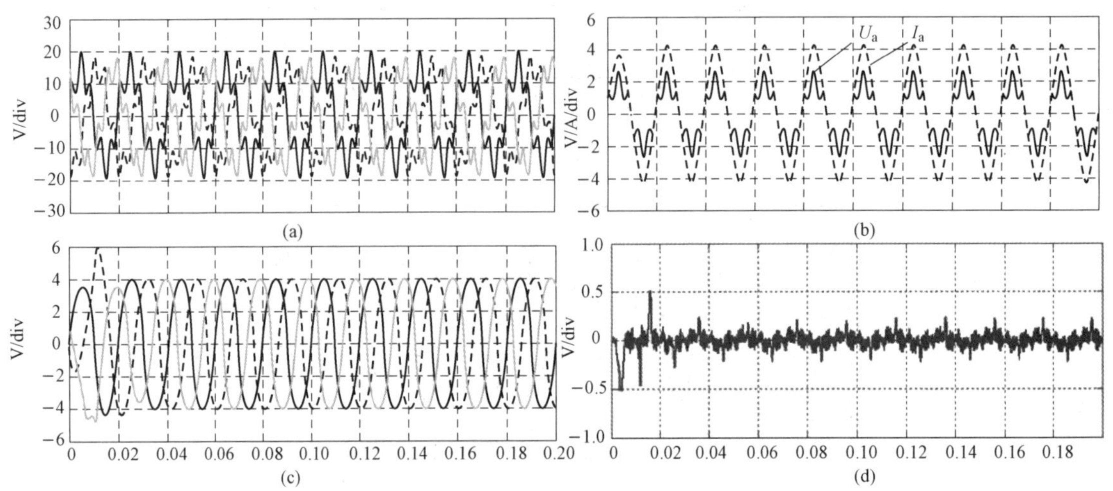

图 3-5　改进型谐波抑制策略波形

（a）三相电网畸变电压；（b）a 相电流与电压波形；（c）三相电流波形；（d）中性点电位波形

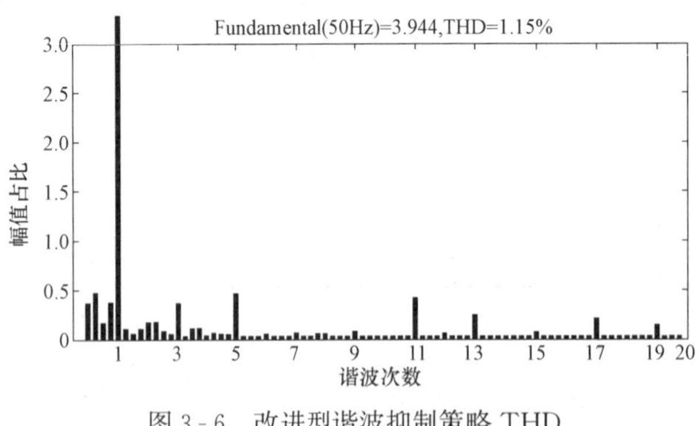

图 3-6　改进型谐波抑制策略 THD

通过仿真验证，改进型谐波抑制策略在谐波电网环境下可以有效地抑制谐波分量。为了使系统具有更好的谐波抑制能力，可以考虑并联对应次谐振控制器，通过图 3-5 可以看出，改进型谐振控制器的响应速度与 PI 控制器相比较慢。增加滤波器的带宽可以调高响应速度，但是同时也会造成滤波能力的减弱。

第三节　系统测试与误差分析

微型电网的系统测试人机界面主界面如图 3-7 所示，它包含发电、输电、储能、负荷等单元。图 3-8 为光伏并网人机界面监视图，包含有光伏并网主电路示意、相关参数及连接电网。

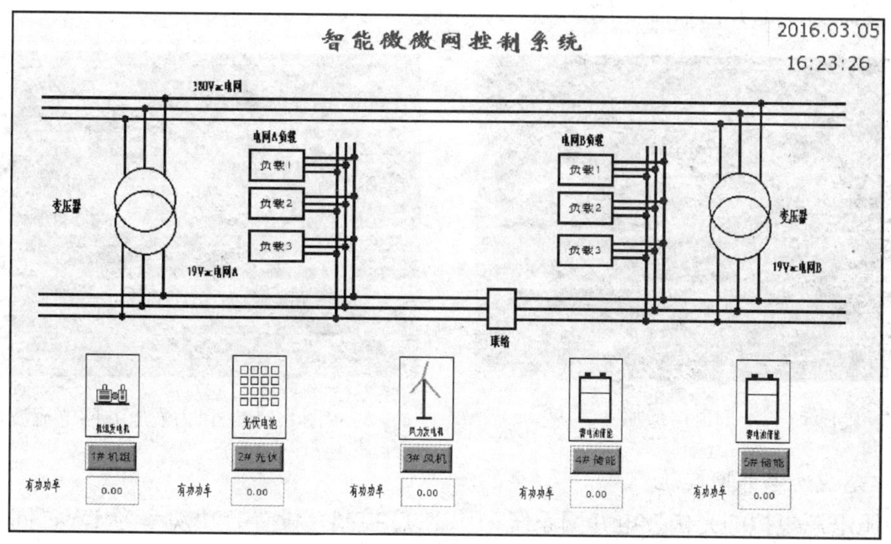

图 3-7　微型电网人机界面主界面

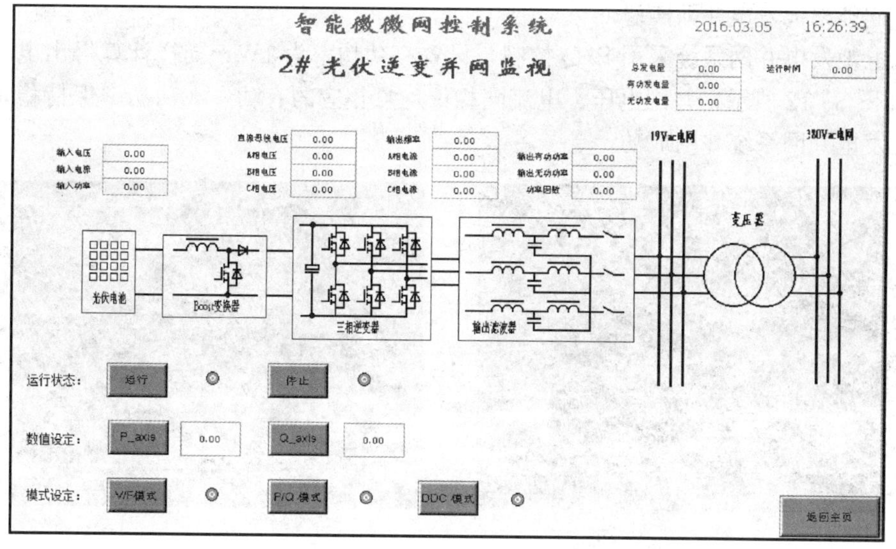

图 3-8　微型电网人机界面光伏平台界面

一、逆变器并网实验

装置在没有运行并网时，示波器显示图 3-9 所示波形，图中，通道 1 是电网 A 相电压，通道 2 是模拟储能电池发电并网 A 相电流，通道 3 是模拟风力发电并网 A 相电流，通道 4 是模拟光伏发电并网 A 相电流。

（一）风力发电并网实验

由原动机带动发电机发电模拟的风力发电并网系统采用 P/Q 控制，设置有功功率为 1W，由于大电网电压稳定，大电网电压经过调压器调压后，其电压等级为 3.45V，此时，电流峰值为 0.7A。如图 3-10 所示，并网电压、电流同相位，且相应的有功、无功功率保持稳定，表明风力发电并网系统并网成功。

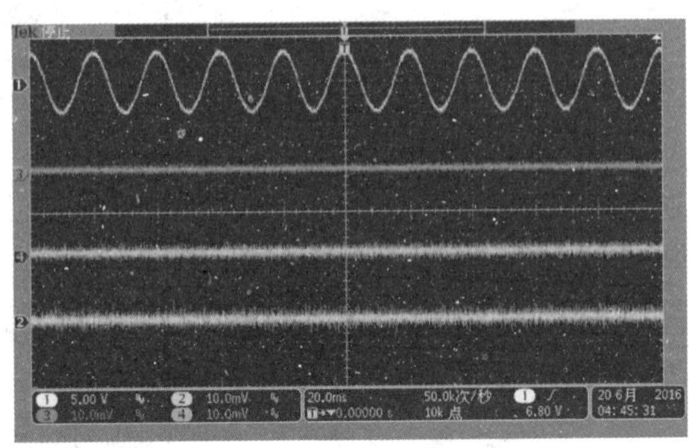

图 3-9　电网电压波形

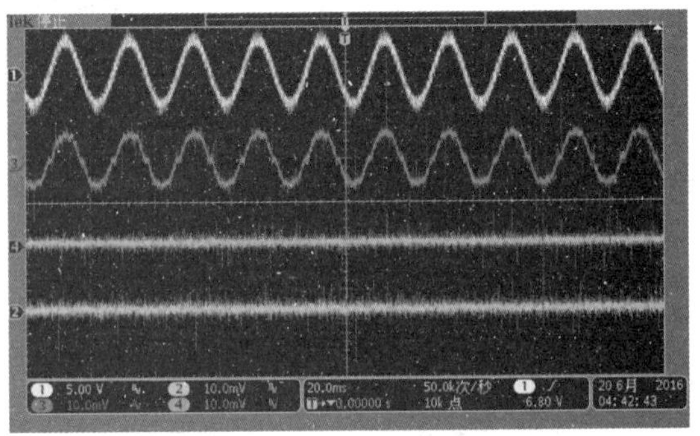

图 3-10　风力发电并网电流波形

（二）光伏发电并网实验

由稳压电源模拟的光伏发电并网系统采用 P/Q 控制，设置有功功率为 1W，同样计算得出电流峰值为 0.7A。如图 3-11 所示，并网电压、电流同相位，且相应的有功、无功功率保持稳定，表明光伏发电并网系统并网成功。

二、储能电池发电并网实验

储能电池发电并网系统采用 P/Q 控制，设置有功功率为 1W，同样计算得出电流峰值为 0.7A。如图 3-12 所示，并网电压、电流同相位，且相应的有功、无功功率保持稳定，表明储能电池发电并网系统并网成功。

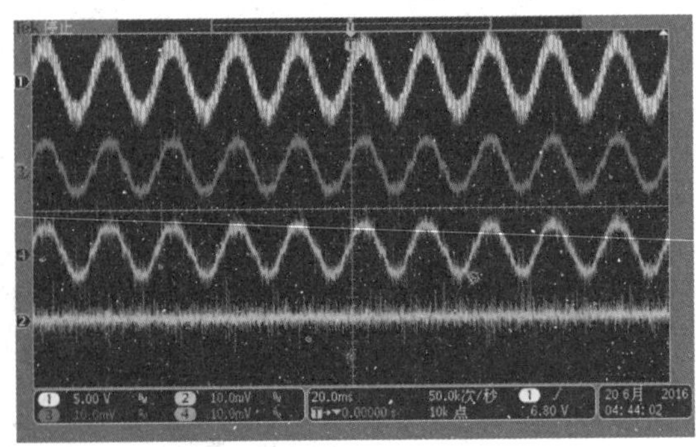

图 3-11　光伏发电并网电流波形

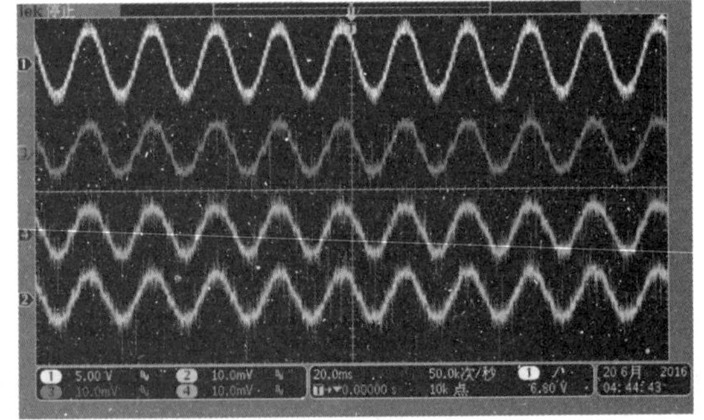

图 3-12　储能电池并网发电电流

三、逆变器孤岛实验

孤岛模式下，三台并网逆变器给纯阻性负荷供电，采用主从控制，即一台逆变器采用 V/F 控制，控制逆变电压和频率；另外两台采用 P/Q 控制，控制输出功率，即主机模拟大电网提供稳定电压和频率。同样，通道 1 是机组 1 的 A 相电压，通道 2 是模拟储能电池孤岛模式的 A 相电流，通道 3 是机组 1 的 A 相电流，通道 4 是模拟光伏发电孤岛模式的 A 相电流。

从图 3-13 和图 1-14 可以看出，机组 1 的 V/F 控制电压始终保持不变，当光伏和储能系统依次并入发出固定功率时，机组 1 的输出电流下降，即机组 1 的输出功率减少，但整个孤岛运行系统的功率没有减少，达到了孤岛运行的效果。

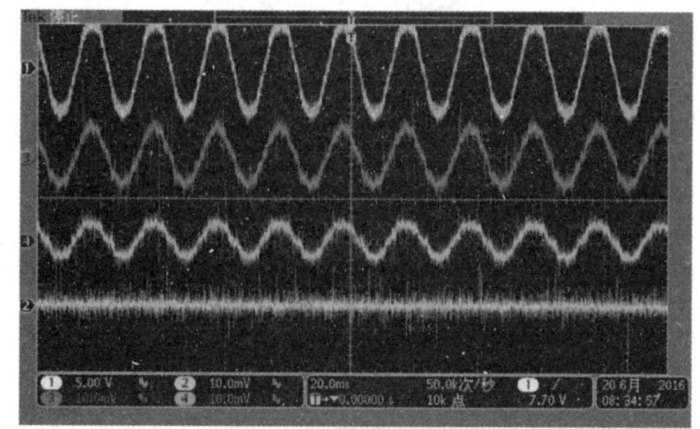

图 3-13　机组 V/F 控制下 A 相电压和电流

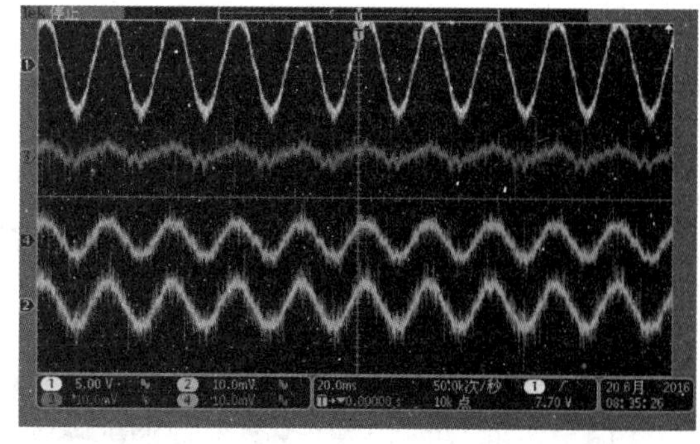

图 3-14　光伏系统 P/Q 输出后的波形

四、锁相环性能验证

为了验证三种锁相环的性能，在电网电压不平衡及谐波电网环境下分别使用三种锁相环进行锁相，进行对比实验。由于实际三相电压不平衡与电网谐波环境难以实际模拟，因此使用 DSP 内部产生模拟信号，通过 DA 芯片输出，用于模拟电网环境，通过 AD 采样输入 DSP 中。

（一）三相电网不平衡锁相环验证

设置三相电压不平衡信号见式（3-1），三相不平衡电压波形如图 3-15 所示。

$$\begin{cases} u_a = 5\sin 314t \\ u_b = 10\sin(314t - 2\pi/3) \\ u_c = 7\sin(314t + 2\pi/3) \end{cases} \tag{3-1}$$

1. SSRF-SPLL 锁相验证

图 3-16 为电网电压不平衡环境下 SSRF-SPLL 锁相环输出，可以看出频率输出具有很大的波动，波动范围在 10Hz 左右；在相角上同样含有谐波分量，呈非线性变化。通过理论分析可知，电网电压不平衡环境下在 dq 轴上耦合的负序分量将会引起锁相环的振荡。

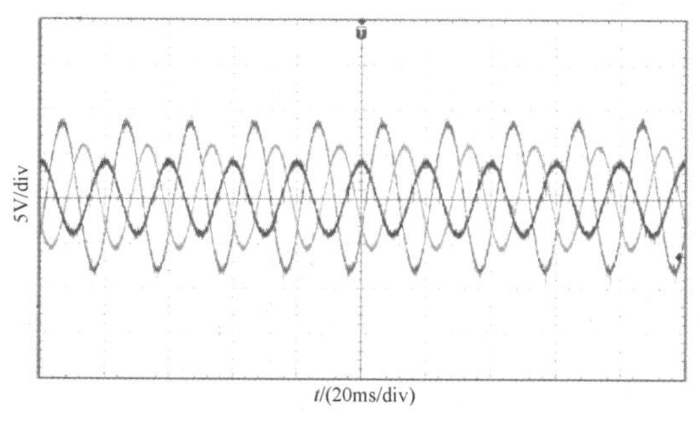

图 3-15　三相不平衡电压波形

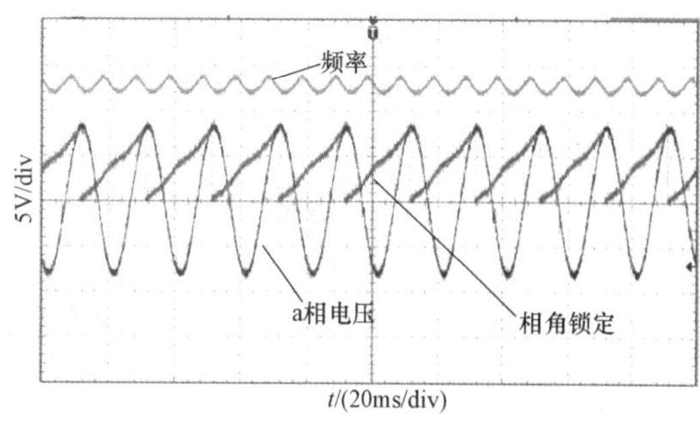

图 3-16　电网电压不平衡环境下 SSRF-SPLL 锁相结果

2. DDSRF-SPLL 锁相验证

图 3-17 为电网电压不平衡环境下 DDSRF-SPLL 锁相结果，由于 DDSRF-SPLL 采用双同步坐标系进行正负序解耦，从而提取了基波正序分量，因此基波正序电压反映到 dq 轴为直流分量，锁相环可以成功锁相。

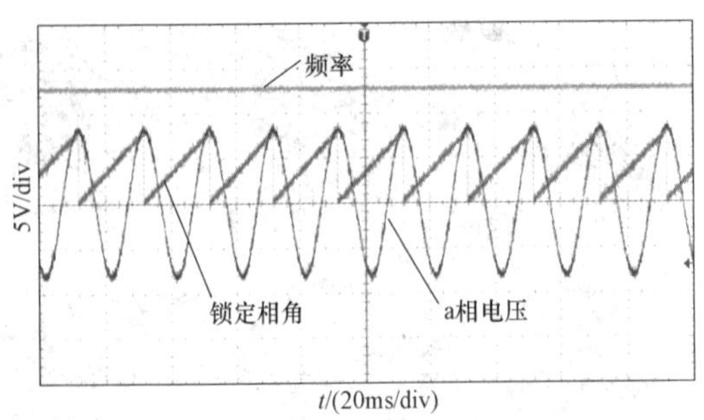

图 3-17　电网电压不平衡环境下 DDSRF-SPLL 锁相结果

3. DSOGI-SPLL 锁相验证

电网电压不平衡环境下，DSOGI-SPLL 锁相结果同 DDSRF-SPLL 锁相结果（图 3-17）相同。图 3-18 为 DSOGI-SPLL 在两相静止坐标系下提取的基波正序分量，由于通过正负序分离提取了基波正序分量，因此锁相环可以锁相成功。图 3-18 中 q 轴电压为零，且无振荡，表明锁相环锁相成功，进一步说明 DSOGI-SPLL 具有良好的电网电压适应能力。

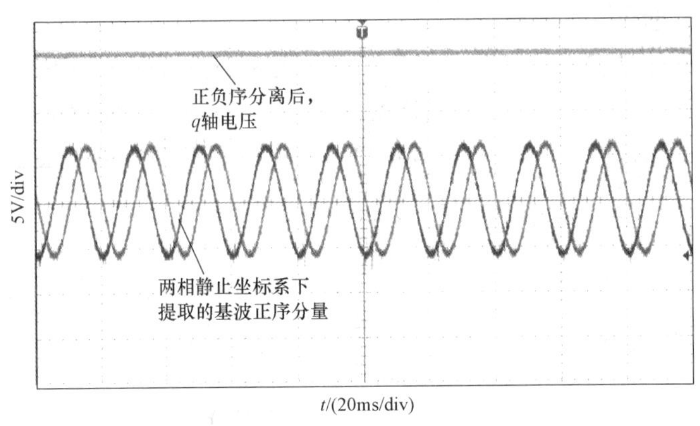

图 3-18　DSOGI-SPLL 在两相静止坐标系下提取的基波正序分量

通过以上三组对比实验，说明在三相不平衡电网下，将在 dq 轴上耦合谐波分量，若不加以处理直接进行锁相，锁相环难以锁相成功。DDSRF-SPLL 与 DSOGI-SPLL 通过提取基波正序分量完成锁相。

（二）谐波电网环境锁相环验证

设置三相电压不平衡信号，见式（3-2），其波形如图 3-19 所示，三相电压中含有大量的低次谐波分量。

$$\begin{cases} u_a = 8\sin\omega t + 2\sin 3\omega t + 2\sin 5\omega t + 2\sin 7\omega t \\ u_b = 8\sin(\omega t - 2\pi/3) + 2\sin(3\omega t - 2\pi/3) + 2\sin(5\omega t - 2\pi/3) + 2\sin(7\omega t - 2\pi/3) \\ u_c = 8\sin(\omega t + 2\pi/3) + 2\sin(3\omega t + 2\pi/3) + 2\sin(5\omega t + 2\pi/3) + 2\sin(7\omega t + 2\pi/3) \end{cases} \tag{3-2}$$

1. SSRF-SPLL 与 DDSRF-SPLL 锁相验证

实验验证中发现，谐波电网环境下 SSRF-SPLL 与 DDSRF-SPLL 锁相结果基本相似，如图 3-20 所示，锁定的相角中含有大量的谐波分量，锁定频率不断振荡。DDSRF-SPLL 通过双同步坐标系解耦剥离的只有基波负序分量，谐波分量在两个坐标中具有复杂的耦合关系，难以剥离，致使大量谐波分量直接输入锁相环中，造成锁相结果含有大量的谐波分量。

2. DSOGI-SPLL 锁相验证

图 3-21 为谐波电网下 DSOGI-SPLL 锁相结果。在 DSOGI-SPLL 的正负序分离时首先

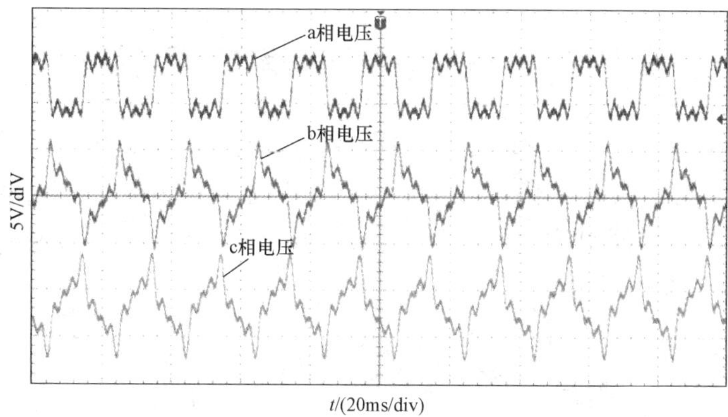

图 3-19 模拟三相谐波电压波形

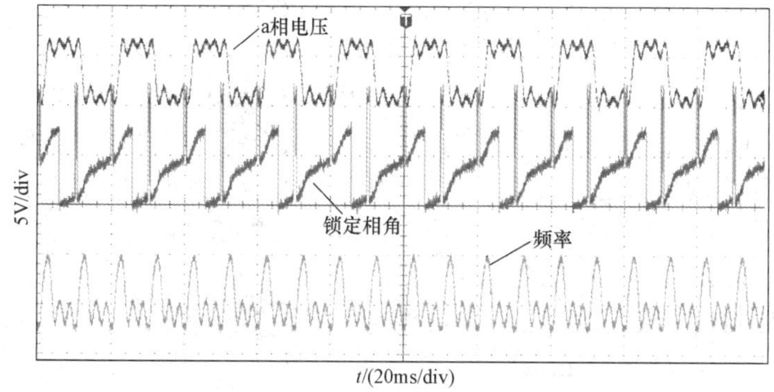

图 3-20 谐波电网下 SSRF-SPLL 与 DDSRF-SPLL 锁相结果

使用两个广义二阶积分器产生正交分量，其本质相当于带通滤波器，因此滤除了电网电压中的谐波分量，并提取其中的基波正序分量，所以可以锁相成功。需要指出的是，滤波器的滤波能力与动态性是相互矛盾的，设计参数时需要折中处理。

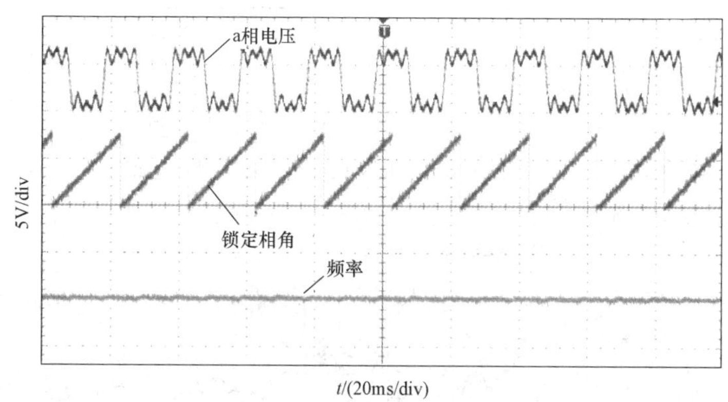

图 3-21 谐波电网下 DSOGI-SPLL 锁相结果

通过上述对比实验得出，DSOGI-SPLL 在电网电压不平衡及谐波电网环境下都可以完成锁相；DDSRF-SPLL 在电网电压不平衡的环境下可以完成锁相；SSRF-SPLL 一般不单独使用，常在输入端增加基波正序分量提取算法（如 DSOGI-SPLL 和 DDSRF-SPLL）。

第四节　改进型谐波抑制策略实验验证

为了模拟可控畸变的供电电网环境，本实验基于微型电网实验平台搭建了图 3-22 所示的模拟平台。图 3-22 中隔离变压器的两侧均为逆变器，但作用不同：隔离变压器的左侧逆变器用于产生谐波电压，使用 SVPWM 控制，通过 ref* 参考信号的给定模拟谐波电网环境；隔离变压器右侧为三电平并网逆变器。

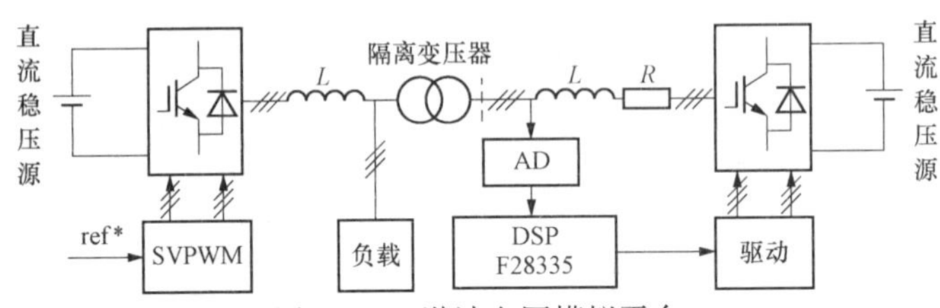

图 3-22　谐波电网模拟平台

实验包括无源逆变和并网逆变两部分。其中无源逆变的目的是验证抑制策略可以有效抑制参考输入端引入的谐波分量。将图 3-22 所示平台从虚线处断开，将右侧并网逆变器的输出端短接，通过 DSP 内部给定 i_α^* 和 i_β^* 进行无源逆变实验。并网逆变的目的是验证谐波电网环境下抑制策略可以有效抑制并网电流的谐波含量。图 3-22 中，通过 ref* 给定模拟谐波电网，右侧逆变器进行并网逆变器实验。

改进型逆变控制器参数见表 3-2。DSP 内部控制器参考给定 i_α^* 和 i_β^* 的表达式为

$$\begin{cases} i_\alpha^* = 2\sin\omega t + 2\sin5\omega t + 2\sin7\omega t + 2\sin11\omega t \\ i_\beta^* = 2\cos\omega t + 2\cos5\omega t + 2\cos7\omega t + 2\cos11\omega t \end{cases} \tag{3-3}$$

表 3-2　　改进型控制器参数

参数	h1	h5	h7	h11	参数	h1	h5	h7	h11
K_{rh}	100	120	120	120	ω_{ch}	314	1570	2198	3454
ω_c	1.0	1.5	1.5	1.5					

注　h1、h5、h7、h11 表示对应次谐波的控制器参数。

图 3-23 为传统的准比例谐振控制（QPR）策略的 a 相电流波形，畸变率为 18.6%，控制器参数 $K_p=1.5$，$K_r=100$，$\omega_c=3.14$。图 3-24 为改进型控制（NPR）策略的 a 相电流波形，输出电流畸变率降为 4.3%，各次谐波含量均低于标准值，见表 3-3，说明改进谐波抑制策略可以有效抑制参考给定输入的谐波分量。

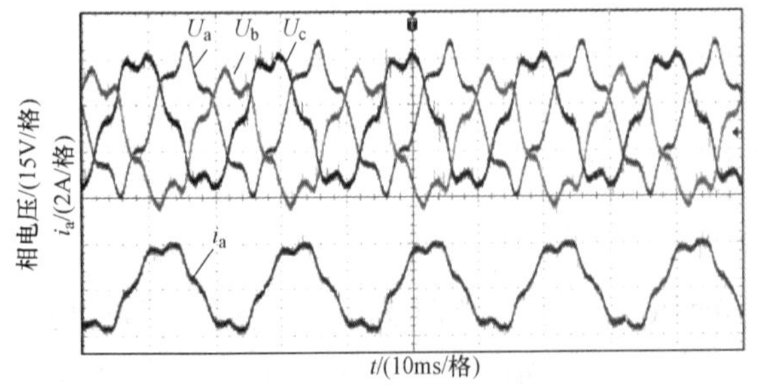

图 3-23　QPR 抑制策略的 a 相电流波形

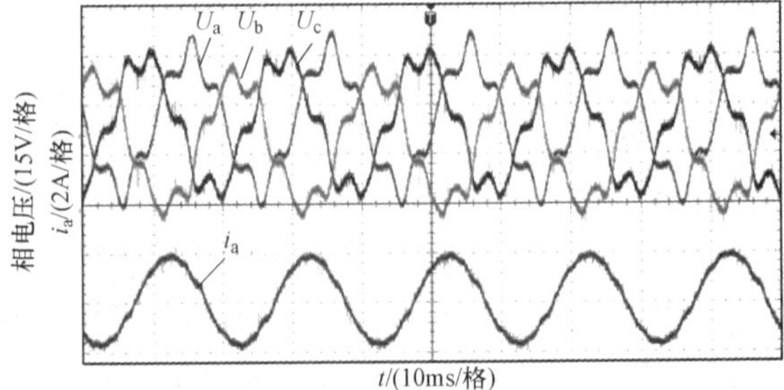

图 3-24　改进型抑制策略的 a 相电流波形

表 3-3　谐波含量统计　(%)

参数	h5	h7	h11	总 THD	参数	h5	h7	h11	总 THD
参考	100.0	100.0	100.0	173.2	网压	20.0	5.0	1.0	20.8
QPR	15.1	8.2	5.0	18.6	QPR	19.4	2.8	1.6	21.1
NPR	1.9	0.6	0.3	4.3	NPR	1.7	0.9	0.5	2.8

注　表中单位为%。

添加电网电压前馈后的并网逆变器的控制系统模型与上述改进型逆变器相同，所以控制器参数选择相同参数，见表 3-2。ref* 参考信号为

$$\begin{cases} u_\alpha^* = 100\sin\omega t + 20\sin5\omega t + 5\sin7\omega t + 3\sin11\omega t \\ u_\beta^* = 100\cos\omega t + 20\cos5\omega t + 5\cos7\omega t + 3\cos11\omega t \end{cases} \tag{3-4}$$

表 3-3 中的电网电压畸变率为 20.8%。图 3-25 为传统的准比例谐振（QPR）抑制策略的 a 相电流波形，总畸变率为 21.1%。图 3-26 为改进型比例谐振抑制策略（NPR）的 a 相电流波形，总畸变率为 2.8%，各次谐波均低于标准值，见表 3-3。

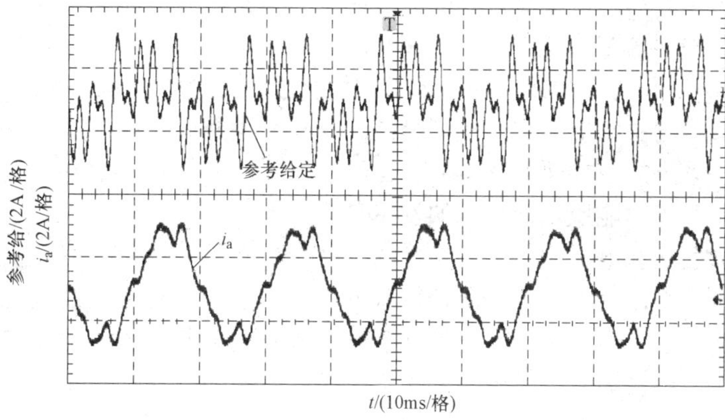

图 3-25　QPR 抑制策略的 a 相并网电流波形

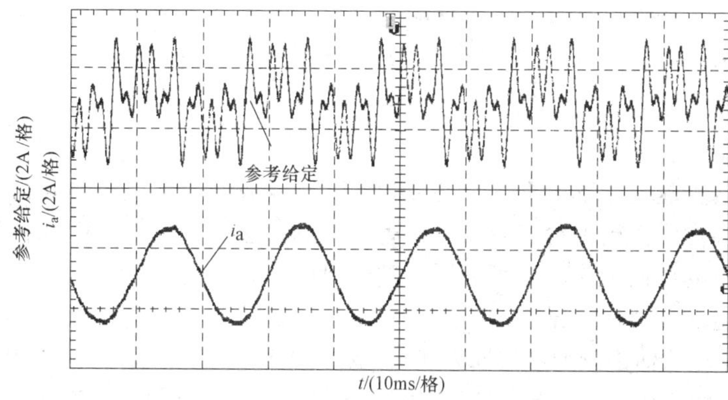

图 3-26　改进型抑制策略 a 相并网电流波形

通过离网和并网实验分别验证了改进型谐波抑制控制策略在谐波电网环境下，可以有效地抑制由参考输入端和输出反馈端引入的谐波分量，从而抑制了逆变器输出电流的谐波分量，降低了电流畸变率。

第二篇　电能质量分析与评估技术

第四章　分布式能源微电网的电能质量评估原理与指标

第一节　电能质量评估原理

电能质量标准是保证电网安全经济运行、保护电气环境、保障电力用户及设备正常使用电能的基本技术规范，是实施电能质量监督管理，推广电能质量控制技术，维护供用电双方合法权益以及电力监管部门执行监督职能的法律依据。要推进电能质量标准化，首先必须规范和统一电能质量的评估方法和指标，研究和健全电能质量评估体系，有利于推进我国电能质量标准化的发展，而这方面的研究工作还需深化和完善。另外，随着经济全球化和工业国际化的发展，需要推进我国电能质量标准与国际权威专业委员会推荐标准及相应试验条件和检测评估方法等一系列规定接轨，这也需要在研究国际标准的基础上，研究和健全电能质量评估体系，以推动我国电能质量标准化的发展。

电能作为电力公司和电力用户之间交换的商品，在交易中包含有商品质量问题。在传统的系统管制方式下，在政府的指导性电价体制下，用户电价只与所供给电能的数量挂钩，而忽视了电能的质量。随着电力市场逐步解除管制，电能质量的要求与约束直接出现在供用电合同（或保险）中，电能质量成为电力公司提供优质服务的重要标志之一。为了有效地执行电能质量合同或协议，实现按质论价，不论是电力公司、电力用户，还是未来独立的电能质量第三方监管部门，都需要建立一个被公众认可的透明的可操作的电能质量评估体系。对电力系统电能质量的评估实质是对电力系统运行水平和电力供应能力的综合评价，是约束、督促电力公司与电力用户共同维护公共电网电能质量环境的基础，同时也是实施治理与控制的依据、检验治理与控制效果的工具。因此，电能质量评估是电能质量研究中必不可少的重要组成部分。

电能质量评估是基于系统电气运行参数的实际测量或通过建模仿真获得的基本数据，对电能质量各项特性指标作出评价和对其是否满足规范要求进行考核。因此在整个电能质量体系中，对质量指标的评估工作是不可或缺的重要组成部分。

一、电能质量综合评估体系

电能质量的单项评估是以测量数据为基础，对其进行计算和统计分析而得出结论，但电网中各项电能质量问题往往同时存在，且不同电能质量问题对不同设备均有不同影响，需要对电能质量进行综合评估。电能质量的综合评估是以各个单项评估为基础，但不是各个单项评估结果的简单综合。通常供电电能质量指标 Q_C 和电网电能质量指标 Q_N 见式（4-1）、式（4-2）。

$$Q_C = \sum_{i=1}^{m} k_{ci} q_i \tag{4-1}$$

式中：q_i 为各单项电能质量评估值；k_{ci}为加权系数，与负荷的特点及其所占供电容量的比重有关。

$$\begin{cases} Q_{\mathrm{N}} = \sum_{i=1}^{m} k_{\mathrm{n}i} q_i \\ k_{\mathrm{n}i} = f(q_i) \end{cases} \tag{4-2}$$

式中：$k_{\mathrm{n}i}$为各单项电能质量问题的权重，为 q_i 的函数。

对电能质量的综合评估，必须建立一套相对完整的电能质量评估体系。综合评估体系的结构特点是既可以对单项电能质量问题加以区分，自成体系，在实际中可以根据具体情况作单项评估；同时又可以将各个单项电能质量问题综合起来评估。电能质量综合评估体系如图 4 - 1 所示。

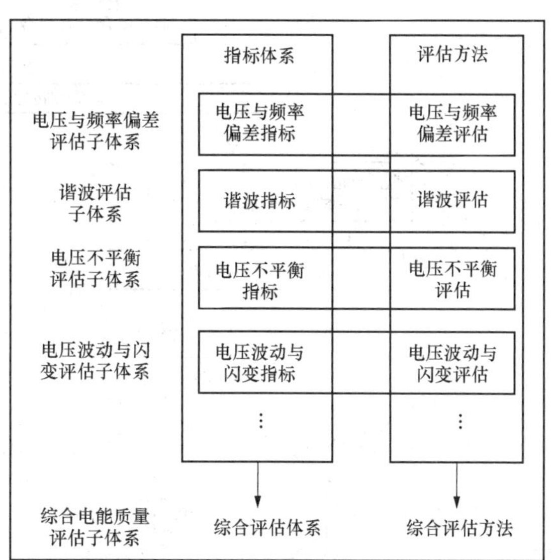

图 4 - 1　电能质量综合评估体系

二、电能质量评估的基本原则

为了合理、完善、透明地表现电能质量实际水平，电能质量评估应遵循以下基本原则：

（1）评估指标物理意义明确，且与其对设备或系统的影响严重性紧密相关。

（2）评估是基于海量的测量数据或仿真数据，数据必须有效压缩，剔除无关信息的干扰，且又不损失必要的信息，从而真实反映电能质量水平。

（3）评估结果应与现有标准限值进行比较。

（4）定义的指标和评估方法应简约、可操作，以便广泛的工程应用。

（5）指标的统计应允许或实现在时间上的特征对比，以及不同监测点或系统在空间上的特征对比。

三、电能质量评估流程

一般而言，电能质量评估的基本流程如下：

（1）选择评估指标。一般选用可参照执行的国际标准或国家标准中所规定的若干电能质量评价指标，或由供需双方商定的电力合同指标。

（2）收集电能质量数据。从建立电网与负荷的仿真模型和在系统中装设电能质量检测设备中获得对系统电压、电流特性描述的基础数据。

（3）选择依据标准。可以使用国家电能质量标准和行业所采用的技术规范标准，或由某专门机构的标准组织制定的相关标准，以此作为评估的基准。

（4）确定目标性能等级，即给出适当的且具有经济性的目标。目标等级可能只限于特殊用户或用户群，并且其要求可能超过基准评估值。

具体的电能质量评估流程如图 4 - 2 所示。

由图 4 - 2 可见，测量装置采集监测点的电气参数，并提取关注电能质量问题的特征量后，进入评估过程的特征量相数组合和时间组合，计算出监测点指标值或评价等级，与相应

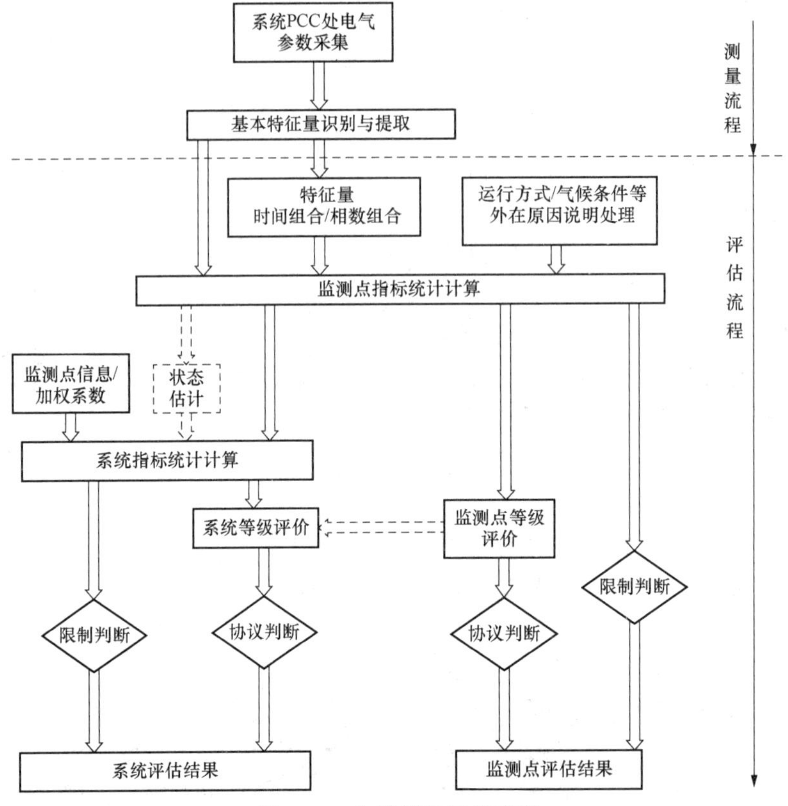

图 4-2　电能质量评估流程

要求比较，给出监测点评估判断。基于监测点指标计算结果，采取合理的加权原则或经状态估计求取系统内非监测点的质量指标，再计算系统指标或等级，与相应限制或协议要求，给出系统评估结果。

四、评估方法

（1）时间组合及计算方法。

电能质量评估的时间组合是指将按时间变化的电能质量各参数用不同的时间长度进行组合的计算过程，从而达到既真实反映实际电能质量水平，又有效压缩监测数据的目的。

1）利用时间组合提取必要的信息。大部分连续型电能质量问题，尤其是谐波、负序对电气设备的影响主要体现在发热效应上。时间组合计算突出了谐波发热过程在时间上的累积效果。另外，电能质量的稳态量监测是需要较长时间（至少一周）连续监测的，这样就会产生海量的监测数据。以 IEC 61000-4-30《电能质量监测与评估标准》推荐的标准 200ms 基本窗宽的谐波 DFT（离散傅里叶变换）分析为例，每天一路（三相）电压和一路（三相）电流采集产生的数据（基波和 2～40 次谐波及 THD 值）就有约 3.4GB。这些海量的数据如果全部存储，成本非常大。经过时间组合压缩后，可以精简数据，节约存储空间，另外，不论是稳态还是事件型电能质量，经时间组合后，仍然可以抓住主要的质量特征。

2）干扰特征的时间组合选择。对于连续变化型电能质量，大部分标准采用的短时间组合（如 3s 和 10min）。其中 3s 值体现了连续型干扰对快速响应的电力电子类设备的影响，10min 值反映了连续型干扰对传统型电气元件的影响。由于连接在同一系统上的所有负荷和元件是由人来操作或控制的，由设备工作状态决定的连续变化型电能质量的特征往往也与人们的工作习惯相关的，呈现出一定的日或周的周期性。因此，除了 3s 和 10min 时间组合外，电能质量标准的定义还有日和周的时间组合，一般的标准推荐的监测时间至少是持续一周。

对于事件型电能质量而言，时间组合概念表现为在此时间轴的频次上，反映了事件对用户的影响次数。以电压暂降为例，当相邻线路断路器一次或多次重合在永久性故障上时，会在较短时间内引起 PCC 处电压发生一次或多次暂降。在一个较短时间窗内发生的多次电压暂降，大多数情况下，敏感设备可能在第一次暂降时就跳闸，要不就根本没有反应。即使设备在第一次暂降时跳闸，其设备恢复运行时间远远要大于秒级的重合闸时间。因此，在统计电压暂降事件时需要采用时间组合，即在很短时间（秒级）内发生连续电压暂降，只统计为一次暂降事件。由于电压暂降定义的持续时间为 0.5～1min，美国电力科学研究院对配电网电能质量调查（EPRI - DPQ）统计表明，约 90％的电压暂降持续时间不超过 1s，不超过 0.1s 的约占 60％。因此，推荐电压暂降组合时间是 1min。

3）变化型和事件型在时间上的不相交性。IEC 61000 - 4 - 30：2003 引入了“标志（flagging)”概念，就是将电压暂降、暂升或中断过程中的其他连续型基本参量给出一个标志。在稳态质量统计时，将不包含这些带标志的特征量。这样，就防止了单一事件以不同的参数重复记录的现象。由此，可以得到事件型和连续变化型电能质量在各自的时间组合区间上具有不相交性的结论。正是由于这种不相交性，可以按类型采用不同的时间组合方法，进行电能质量的统计和评估。

连续变化型电能质量指标评估需明确基本参量时间组合的方法，主要采用方均根值法、最大值法、平均值法、大概率值法。事件型电能质量指标估算法还没有统一，其相关算法的指标标准仍在研究过程中。

（2）相数组合及计算方法。一般电力系统是三相系统，往往需要评估三相的电能质量。目前的仪器多采用单相检测方法，但反映系统或监测点电能质量特征的指标，习惯上采用一个代表值，这就需要对三相电能质量评估结果进行相数组合。

按在不同条件（基本特征量组合、监测点指标计算、系统指标计算）下的特征量进行相数结合，可以有三种方式：①基本特征量同时进行相数组合和时间组合；②在计算监测点指标时采用相数组合；③在计算系统指标时进行相数组合。

对事件型电能质量，尤其是不对称的电压暂降和短时间中断，建议按第一种方式进行相数组合，以突出单次事件的严重程度；对于稳态型电能质量，建议在第二级监测点指标计算时进行相数组合，即在监测点指标计算上先分相计算以反映各相相对独立的扰动程度，再对各指标取三相中的最大值，以体现三相中的电能质量最大严重程度。

第二节 电能质量评估指标

一、电压偏差

电力系统某一节点的电压由于负荷和运行方式的改变而发生变化，其实际测量值与系统额定值之差对额定值的百分数即为电压偏差，又称为电压偏移，如式（4 - 3）所示

$$\delta_U = \frac{U_{re} - U_N}{U_N} \times 100\% \tag{4-3}$$

式中：δ_U 为电压偏差；U_{re}为电压实际测量值；U_N 为电压额定值。

引起电压偏差的主要原因有负荷的轻载或超载、无功功率不足或过量补偿、传输距离过长、可调变压器分接头选择不当以及冲击性负荷的接入等。电压偏差的产生对用电设备、电力系统都有一定的危害。对于大多数用电设备来说，电压偏差会导致其工作效率低下、使用寿命缩短。对含有单相异步电机的家用电器，包括洗衣机、电冰箱、电风扇、空调机等，电压过低会导致电机的转速降低、工作电流过大，甚至出现烧毁电器等严重后果；电压过高会产生过电流、损坏绝缘等。

接入分布式能源后的电网将不再是简单的放射状网络，而是有源网络。对于未接入分布式电源的简单供电线路［图 4-3（a）］，其电压降可由式（4-4）计算得到。

$$\Delta U=\frac{P_L R+Q_L X}{U_2}+\mathrm{j}\,\frac{P_L X-Q_L R}{U_2} \tag{4-4}$$

式中：ΔU 为输电线路首末端电压差；U_2 为末端电压；P_L 为负荷端有功功率；Q_L 为负荷端无功功率；R 为实部；X 为虚部。

一般来说，输电线路两端电压相角差较小，通常忽略压降横分量的影响，而采用压降的纵分量作为电压损耗值，即式（4-5）

$$\Delta U=\frac{P_L R+Q_L X}{U_2} \tag{4-5}$$

对于接入分布式能源的简单供电线路［图 4-3（b）］，分布式电源向线路中输出有功功率和无功功率，电压损耗满足以下关系

$$\Delta U=\frac{P_L R+Q_L X}{U_2}-\frac{P_G R+Q_G X}{U_2}=\frac{(P_L-P_G)R}{U_2}+\frac{(Q_L-Q_G)X}{U_2} \tag{4-6}$$

式中：P_G 为发电机有功功率；Q_G 为发电机无功功率。

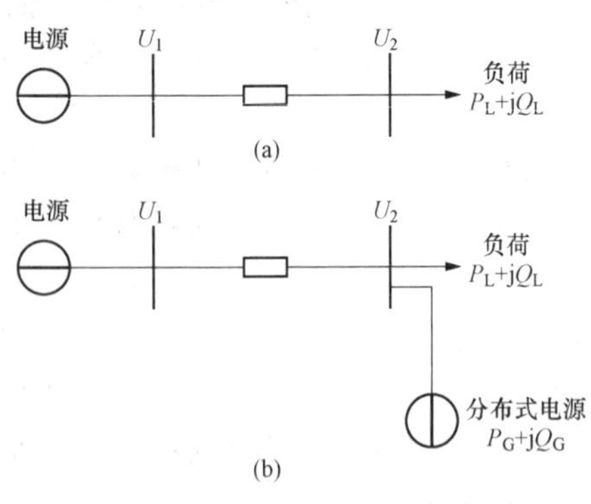

图 4-3　简单供电线路

（a）未接入分布式电源的简单供电线路；

（b）接入分布式电源的简单供电线路

由式（4-6）可以明显看出，分布式能源的接入将降低电压损耗，即抬高用户端的电压。对于系统母线侧的功率而言，明显小于未接入分布式能源时的功率，而如果母线侧对此作出反应，调低母线侧电压，将导致用户端电压降低。因此，分布式能源的接入，将在一定程度上造成电网的电压偏差。

根据国家标准 GB/T 12325—2008《电能质量 供电电压偏差》规定，35kV 及以上供电电压正、负偏差的绝对值之和不应该超过其额定电压的 10%；20kV 及以下三相供电电压偏差为额定电压的±7%；220kV 单相供电电压偏差为额定电压的－10%，＋7%。

二、电压波动

电压有效值的连续变动称为电压波动，可描述为电压有效值曲线上的两个相近的电压极值之差相对于额定电压的百分数，见式（4-7）

$$d=\frac{\Delta U}{U_N} \tag{4-7}$$

式中：d 为电压波动；ΔU 为相近两个电压极值之差 $U_{max}-U_{min}$；U_N 为电压额定值。

电压波动主要由系统内接入波动性负荷引起，大量的冲击性负荷、间歇式负荷频繁地吸收快速变化的电能，从而导致电网电压在短时间内快速的变化。电压波动区别于电压偏差的最明显的特征是电压变化的快慢，以每秒电压波动率 0.2%为分界线，高于这一数值即为电压波动，反之即为电压偏差。电压波动对精密性仪器的危害最大，突如其来的电压波动将会严重影响产品质量，造成较大的经济损失；长期的电压波动将会缩短仪器使用寿命。

根据 GB/T 12326—2008《电能质量 电压波动和闪变》规定，任意的波动负荷所产生的电压波动的限值都与电压变动频度、电压等级有关。而对于低频状态或周期性的电压波动，可以通过电压有效值曲线获得电压波动幅值和频度。

三、电压闪变

电压闪变是由于电压波动导致的灯光照度不稳定，而给人视觉上带来的不适应。换言之，电压闪变不是电磁现象，而是电压波动的结果。它主要包括短时闪变 P_{st}（Short Term Severity）和长时闪变 P_{lt}（Long Term Severity）两个衡量指标。在短时间（通常为 10min）内估计的闪变严重程度称为短时闪变，较长时间（2h）估计的闪变严重程度称为长时闪变。上述两个指标的计算式见式（4-8）、式（4-9）

$$P_{st}=\sqrt{(0.0314\times P_{0.1})+(0.0525\times P_{1s})+(0.0657\times P_{3s})+(0.28\times P_{10s})+(0.08\times P_{50s})} \tag{4-8}$$

$$P_{lt}=\sqrt[3]{\frac{1}{12}\sum_{j=2}^{n}(P_{stj})^3} \tag{4-9}$$

式中：$P_{0.1}$、P_{1s}、P_{3s}、P_{10s}和 P_{50s}是观察周期内瞬间闪变水平超过 0.1%、1%、3%、10%和 50%的单位。P_{stj} 为第 j 个观察周期内的计算值。

电压闪变主要与电压波动的幅值、频度等有关。另外，还与照明设备的额定电压、人眼对光线变化的敏感度等有关。GB/T 12326—2008 对电压闪变限值做了明确规定，见表 4-1。

表 4-1　电压闪变限值

电压等级水平	低压（LV）	中压（MV）	高压（HV）
P_{st}	1	0.9（1.0）	0.8
P_{lt}	0.8	0.7（0.8）	0.6

负荷的消耗和电源功率的注入会引起电网各节点电压的波动，因此分布式能源微电网输出功率的波动性是引发其并网带来的电压波动和闪变的主要原因。而分布式能源微电网输出功率的波动又由诸多原因造成，比如风速的变化会造成风机输出功率的波动、光照强度的改变会带来光伏电池输出功率的波动，而对分布式电源并网的人为投切操作也是引起其功率波动的主要原因。

四、三相不平衡

理想情况下，电力系统的三相电压波形为标准正弦波，幅值相等、相位相差 120°。上述情况称为三相平衡，反之，上述条件不能全部满足的情况称为三相不平衡，衡量三相不平衡程度的指标称为三相不平衡度。一般来说，将三相不平衡度为电压负序或零序分量有效值与电压正序分量有效值的比值

$$\begin{cases}\varepsilon_{U2}=\dfrac{U_2}{U_1}\times 100\% \\ \varepsilon_{U0}=\dfrac{U_0}{U_1}\times 100\%\end{cases} \tag{4-10}$$

式中：ε_{U2}、ε_{U0}为负序、零序电压不平衡度；U_1 为电压正序分量有效值；U_2 为电压负序分量有效值；U_0 为电压零序分量有效值。

三相不平衡主要是由电力系统三相负荷不平衡及元件参数不对称等造成的。实际情况中，电压三相不平衡将会导致输电线路、配电变压器等的电能损耗增加；导致旋转电机发热、振动；变压器漏磁增大、局部过热等。分布式能源微电网中大部分的发电机是三相机组，但仍有少部分小规模的单相机组会加剧配电系统的三相不平衡问题。

GB/T 15543—2008《电能质量 三相电压不平衡》中对三相不平衡限值做了规定，公共节点电压不平衡度限值在正常运行情况下负序电压不平衡度不超过 2%，短时不超过 4%；接入公共节点的每个用户引起该点负序电压不平衡度允许值为 1.3%，短时不超过 2.6%。

五、公用电网谐波

谐波是一个周期电气量的正弦波分量，且其频率为基波频率的整数倍。分布式能源微电网本身很少会出现谐波失真的情况，但在大多数情况下，分布式能源微电网连接到非线性负荷时，便会增加系统中的谐波失真。总谐波畸变率（THD）是衡量谐波失真程度的重要指标，以 h 次谐波为例，THD 的计算式为式（4-11）

$$THD=\frac{\sqrt{\sum_{n>1}^{h}(U_n)^2}}{U_1}\times 100\% \tag{4-11}$$

式中：U_n 为 n 次谐波电压的有效值；U_1 为基波电压的有效值；h 为最高次谐波的次数。

谐波会引起诸多问题，主要有串并联谐振、电缆和变压器等设备过热等，这些问题进一步降低了系统的可靠性，并增加了系统的损耗。更严重的是，谐波不仅影响到谐波源附近的电能质量，而且会通过线路传输到电网的其他部分，大范围的造成电能质量下降。非线性负荷（如整流器、变频器、电弧炉等）的接入会导致谐波的大量出现。

分布式能源微电网并网过程中使用的大量逆变器是造成分布式电源成为谐波源的根本原因，其开关器件的频繁动作引起的谐波分量给电网带来了大量的谐波污染，当谐波源达到一定数量时，将产生系统内高次谐波，情况不容忽视。

GB/T 14549—1993《电能质量 公用电网谐波》中对谐波电压限值做了规定，见表 4-2。

表 4-2　谐波电压限值

额定电压/kV	电压总谐波畸变率/%	各次谐波电压含有率/%	
		奇次谐波	偶次谐波
0.38	5.0	4.0	2.0
6/10	4.0	3.2	1.6
35/66	3.0	2.4	1.2
110	2.0	1.6	0.8

六、频率偏差

正常运行下的电力系统，其系统频率的实际测量值与国家标准规定值之差称为频率偏差。我国规定的系统工频为50Hz。系统出现频率偏差的主要原因是有功功率不平衡，即系统频率和负荷频率不统一，从而影响系统甚至发电厂的正常运行。频率偏差见（4 - 12）

$$\delta_f = f_{re} - f_N \tag{4 - 12}$$

式中：δ_f 为频率偏差；f_{re}为系统频率实际测量值；f_N 为额定频率值。

电气设备都是参照国家规定的额定频率设计制造的，需要在额定频率下才能处于最优的工作状态，系统频率一旦出现偏差，就会对设备造成一定的危害。受频率偏差影响最大的电气设备是电动机，当发生频率偏差时，电动机转速发生改变，对于生产线来说产品质量将会受到直接影响。当实际频率低于额定频率时，将导致电动机无法启动。另外，长期存在频率偏差，将会造成控制仪器、测量类精密仪器、电子设备的精确度下降。频率偏差还将直接影响系统稳定性，对电网和发电厂的正常运行造成威胁。

GB/T 15945—2008《电能质量 电力系统频率偏差》中对频率偏差限值做了规定，一般来说正常运行下的电力系统的频率偏差范围不超过±0.2Hz。而对于小容量系统，则不超过±0.5Hz。

第五章　电能质量综合评估常见算法

电能质量综合评估主要分为单指标评估和多指标综合评估两个评估方法。单指标评估法主要以电能质量各指标限值为参考依据，以判断评估对象的单个电能质量指标是否符合相关标准；而多指标综合评估法是将评估对象的多个电能质量指标进行加权、归并以得到单一量化指标。待评估对象的电能质量水平是由所有指标共同决定的，不能仅以单一的指标为依据来判断电能质量的综合表现。本章将对现有电能质量综合评估方法的代表性方法（突变决策法、模糊理论法、投影寻踪法、物元分析法以及理想解法）进行分析。

一、突变决策法

突变决策法是一种常用的针对具有多个评估指标进行优劣排序的数学方法，它是通过某个系统的势函数对其所有临界点进行分类，然后研究每一个临界点附近非连续变化的特征，从而推导得到数个突变模型。

突变决策法的核心是将待评估对象所具有的评估指标进行层次划分。如图 5 - 1 所示为某突变决策评估体系，每一个一级评估指标又包含若干个二级评估指标，以此类推。运用突变决策法求取每一级指标的突变指数，最后自下而上进行综合，从而获得综合评估指数。

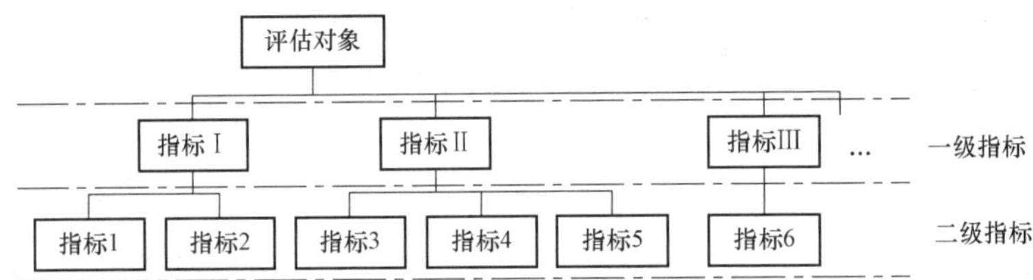

图 5 - 1　突变决策评估体系

常用的突变模型如图 5 - 2 所示。

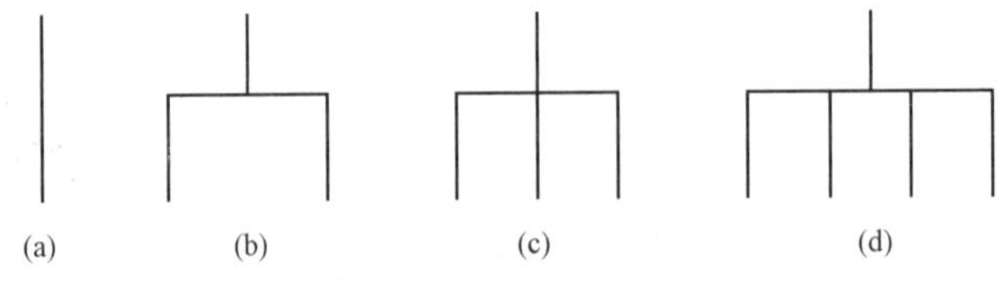

图 5 - 2　常用的突变模型

（a）折叠突变；（b）尖点突变；（c）燕尾突变；（d）蝴蝶突变

其数学模型分别为：

$$
\begin{aligned}
&\text{折叠突变模型} && f(x)=x^3+ax \\
&\text{尖点突变模型} && f(x)=x^4+ax^2+bx \\
&\text{燕尾突变模型} && f(x)=x^5+ax^3+bx^2+cx \\
&\text{蝴蝶突变模型} && f(x)=x^6+ax^4+bx^3+cx^2+dx
\end{aligned}
\tag{5 - 1}
$$

式中：$f(x)$ 为势函数，a、b、c、d 均为控制变量。

利用分歧方程可以依次得到上述四个数学模型的归一化方程

$$
\begin{aligned}
&x_a = a \\
&x_a = \sqrt{a},\ x_b = \sqrt[3]{b} \\
&x_a = \sqrt{a},\ x_b = \sqrt[3]{b},\ x_c = \sqrt[4]{c} \\
&x_a = \sqrt[4]{a},\ x_b = \sqrt[5]{b},\ x_c = \sqrt{c},\ x_d = \sqrt[3]{d}
\end{aligned}
\tag{5-2}
$$

突变决策法的具体步骤如下：

（1）建立突变决策评估体系。针对不同的工作场景，将待评估对象的所有参与评估的指标进行层级划分。需要说明的是，每一级评估指标的数量是不固定的，可以根据实际场景进行灵活调整，缩减或扩展。

（2）评估指标的无量纲化处理。对于任意一个评估对象来说，其所具有的评估指标的量纲不可能全部相同，如果不对指标进行相应处理，就不具备可比性。因此，需要通过无量纲化（又称归一化）处理的方法来消除指标量纲的影响。指标分为效益型属性指标和成本型属性指标两种，效益型属性指标是指数值越大越好的指标，成本型属性指标是指数值越小越好的指标。采用标准 0—1 变换对评估数据无量纲化处理。

1）对于效益型属性指标有

$$
x_{ij} = \frac{y_{ij} - y_{\min,j}}{y_{\max,j} - y_{\min,j}} \tag{5-3}
$$

式中：y_{ij} 为评估样本中第 i 个评估目标的第 j 个评估指标数据；x_{ij} 为 y_{ij} 无量纲化处理后的值；$y_{\max,j}$ 为第 j 个评估指标数据最大值；$y_{\min,j}$ 为第 j 个评估指标数据最小值。

2）对于成本型属性指标有

$$
x_{ij} = \frac{y_{\max,j} - y_{ij}}{y_{\max,j} - y_{\min,j}} \tag{5-4}
$$

式中：y_{ij} 为评估样本中第 i 个评估目标的第 j 个评估指标数据；x_{ij} 为 y_{ij} 无量纲化处理后的数值。

（3）计算各评估点的突变级数。

以图 5-1 评估体系为例，首先计算一级指标的突变级数

$$
\begin{cases}
x_{\mathrm{I}} = \dfrac{1}{2 \cdot 2!}\displaystyle\sum_{i=1}^{2!}\left(\sqrt{x_{Ai1}} + \sqrt[3]{x_{Ai2}}\right) \\
x_{\mathrm{II}} = \dfrac{1}{3 \cdot 3!}\displaystyle\sum_{i=1}^{3!}\left(\sqrt{x_{Ai1}} + \sqrt[3]{x_{Ai2}} + \sqrt[4]{x_{Ai3}}\right) \\
x_{\mathrm{III}} = x_6
\end{cases}
\tag{5-5}
$$

式中：x_{I}、x_{II}、x_{III} 为对应的突变级数；x_i 为第 i 个评估点；A_{ij} 为二级指标的全排列集。

根据上述方法再对 x_{I}、x_{II}、x_{III} 进行综合，以求取该评估点的综合突变级数。对所有评估点依次进行本步骤，以求取各个评估点的综合突变级数，根据各突变级数的大小进行排序，突变级数越大说明该评估点水平越高。

突变决策法在使用的过程中不需要对指标进行赋权，即无需人为的参与权重的赋值，这在很大程度上避免了人的主观性影响。然而，正是这一特点使得影响电能质量水平的重要指

标的作用不能在评估中很好地表现出来，不符合多指标评估工作的要求。其影响在分布式能源微电网中更加突出，而要体现这些指标特征，就需要通过赋权的方式加大其权重，以保证评估结果的合理性。

二、模糊理论法

在一些领域的评估过程中，指标对问题的描述具有模糊性，无法进行定量表示，而模糊理论正是解决这类问题的有效方法。模糊理论法主张对待评估对象的各个评估指标建立隶属度函数模型，将实测数据代入模型中得到各指标的模糊集合，进而求取其各自对应的隶属度，将隶属度划归至各个等级便可得到评估对象所处的水平。

例如在电能质量综合评估中，选取电能指标之一的电压偏差为例，可选取以下隶属度函数

$$\mu_{\mathrm{VDM}}(\Delta U)=\begin{cases}0 & (\Delta U\leqslant -U_2)\\ \dfrac{1}{2}+\dfrac{1}{2}\sin\left[\dfrac{\pi}{U_2-U_1}\left(\Delta U-\dfrac{U_2+U_1}{2}\right)\right] & (-U_2<\Delta U<-U_1)\\ 1 & (-U_1\leqslant \Delta U\leqslant U_1)\\ \dfrac{1}{2}-\dfrac{1}{2}\sin\left[\dfrac{\pi}{U_2-U_1}\left(\Delta U-\dfrac{U_2+U_1}{2}\right)\right] & (U_1<\Delta U<U_2)\\ 0 & (U_2\leqslant \Delta U)\end{cases} \tag{5-6}$$

式中：ΔU 为电压偏差；U_1、U_2 为常数，其取值视实际情况而定。

与其他方法不同的是，模糊理论法不仅需要考虑指标实际测量值，还需要同时考虑指标实际测量值偏离标准值的持续时间，因此电压偏差的持续时间隶属度函数为

$$\mu_{\mathrm{VDT}}(T_{\Delta U})=\begin{cases}1 & T_{\Delta U}\leqslant T_{\Delta U0}\\ e^{-k_{t1}(T_{\Delta U}-T_{\Delta U0})} & T_{\Delta U}>T_{\Delta U0},\ k_{t1}>0\end{cases} \tag{5-7}$$

式中：$T_{\Delta U}$ 为电压偏差持续时间；$T_{\Delta U0}$、k_{t1} 为常数，其取值视实际情况而定。

同样，对于电能质量的其他指标，依次选取其对应的隶属度函数和对应的持续时间，这里不做赘述。

对于电压偏差类型的指标，收集其电能质量原始数据集（ΔU_1，$T_{\Delta U1}$）、（ΔU_2，$T_{\Delta U2}$）、（ΔU_3，$T_{\Delta U3}$）、…、（ΔU_n，$T_{\Delta Un}$），将数据代入对应的隶属度函数中求取相应的隶属度。另外，需要说明的是，对于不具有隶属度函数的指标，可以通过其他手段进行求取隶属度，比如借鉴专家意见等，以保证每个指标都具有隶属度。

最后，根据电能质量指标的等级界限计算出不同等级的隶属度，以此为评判标准。借助数学算法计算出各指标对于各个等级标准的相对贴近度，从而将其划分至不同的电能质量等级。

模糊理论法在确定隶属度函数时受主观影响较大，不能够最大程度保证评估结果的客观性。在多指标综合评估工作中，除了需要参考专家对指标重要程度的意见之外，还需要尊重数据本身的结构特征。

三、投影寻踪法

投影寻踪法是处理高维数据的有效方法，核心是“降维”，即将高维数据降成低维数据，在低维空间的投影值上进行研究分析，以获得高维数据的特征。投影寻踪法主要包括构造投影指标函数和优化求解两个部分，从而建立投影寻踪数学模型。具体操作步骤如下。

（1）评估指标的样本集。以现有电能质量分级标准为依据，在各个等级中随机取值，与其对应的等级构成评估样本集 $<x(i, j), u(i)>$，其中 $x(i, j)$ 是根据式（5-3）、式（5-4）归一化后的指标，$u(i)$ 为相应的等级。

（2）获取一维投影值。寻找最佳投影向量 $a=(a(1), a(2), \cdots, a(n))$，将步骤（1）中得到的归一化指标向量 $x(i, j)$ 综合以 a 为投影方向的一维投影值

$$z(i)=\sum_{j=1}^{n} a(j) x(i, j) \qquad i=1、2、\cdots、m, j=1、2、\cdots、n \tag{5-8}$$

$z(i)$ 为 $x(i, j)$ 投影后的一维投影值，理论上要求其局部投影点尽量集中汇聚，呈现出明显的点团特征，而在整体上则需要各个点团明显分散、界限清晰。

（3）构造投影目标函数。

投影目标函数为

$$f(a)=S_{z}\left|R_{zu}\right| \tag{5-9}$$

式中：S_z 为一维投影值 $z(i)$ 的标准差；R_{zu} 为一维投影值 $z(i)$ 和等级序列 $u(i)$ 的相关性系数。

$$S_{z}=\sqrt{\left[\sum_{i=1}^{m}\left(z(i)-E_{z}\right)^{2} /(n-1)\right]} \tag{5-10}$$

式中：E_z 为 $z(i)$ 的均值。

$$R_{zu}=\frac{\sum_{i=1}^{m}\left[z(i)-E_{z}\right]\left[u(i)-E_{u}\right]}{\sqrt{\sum_{i=1}^{m}\left(z(i)-E_{z}\right)^{2} \sum_{i=1}^{m}\left(u(i)-E_{u}\right)^{2}}} \tag{5-11}$$

式中：E_u 为 $u(i)$ 的均值。

（4）优化投影目标函数。根据式（5-9）～式（5-11）可以发现，投影目标函数 $f(a)$ 是唯一关于投影向量 a 的函数，因此求取最佳投影方向 a 的问题就转变为求解投影目标函数 $f(a)$ 最大化的问题，具体优化方法如式（5-12）

$$\left\{\begin{array}{l}\max f(a)=S_{z}\left|R_{zu}\right| \\ \text { s.t. } \quad \sum_{j=1}^{n} a^{2}(j)=1\end{array}\right. \tag{5-12}$$

求解式（5-12）是一个较为复杂的非线性优化问题，常规的数学方法难以求解。因此，已有部分学者采用遗传算法（genetic algorithm，GA）进行全局优化求解。求得最佳投影方向后代入式（5-8）便可计算出各个评估点的投影值，从而得出评估结果。

投影寻踪法的一个主要缺陷是需要大量的数据样本，计算量较大，需要进行大容量数据的存储。另外，在投影向量优化的过程中经常出现优化效果不理想的情况，这也是一个不可忽视的缺陷。

四、物元分析法

有学者认为在分析矛盾问题时，应当将事物具有的特征与其对应的量值放在一起考虑，而物元分析法正好符合这个分析特征。

（1）建立“物元”。给定的事物名称 N，事物所具有的特性 c 以及特性所对应的量值 v，以上三个量共同构成三元组 $R=(N, c, v)$ 作为描述事物质量的基本单元。而对于具有多个

特性的事物来讲，其特性 c 依次为 c_1、c_2、…、c_n 和量值 v 依次为 v_1、v_2、…、v_n，因此可以得到 n 维物元 R 的矩阵为

$$R=\begin{pmatrix} N_1 & c_1 & v_1 \\ N_2 & c_2 & v_2 \\ \vdots & \vdots & \vdots \\ N_n & c_n & v_n \end{pmatrix} \tag{5-13}$$

根据基本物元矩阵分别建立经典域和节域。经典域是待评估对象质量的各个等级所对应的量值范围，节域是待评估对象质量的全体等级所针对某个特性的量值范围，经典域的定义式为

$$R_{\mathrm{p}j}=\begin{pmatrix} N_{\mathrm{p}j} & c_1 & [a_{1j},b_{1j}] \\ N_{\mathrm{p}j2} & c_2 & [a_{2j},b_{2j}] \\ \vdots & \vdots & \vdots \\ N_{\mathrm{p}jn} & c_n & [a_{nj},b_{nj}] \end{pmatrix} \tag{5-14}$$

式中：$N_{\mathrm{p}j}$ 为评估对象的等级 j；$[a_{nj}，b_{nj}]$ 为等级 j 下特性 c 的量值范围。

节域的定义式为

$$R_{\mathrm{q}}=\begin{pmatrix} N_{\mathrm{q}} & c_1 & [c_1,d_1] \\ N_{\mathrm{q}2} & c_2 & [c_2,d_2] \\ \vdots & \vdots & \vdots \\ N_{\mathrm{q}n} & c_n & [c_n,d_n] \end{pmatrix} \tag{5-15}$$

式中：N_{q} 为评估对象的等级全体；$[c_n，d_n]$ 为全部等级下特性 c 的量值范围。

（2）计算关联函数。在物元分析法中，通过关联函数来描述物元中每一个元素与整体之间的关系，以此来描述每一种元素特性的变化程度。当满足经典域中元素 X_0 隶属于节域中元素 X，且最优取值 x_{o} 不属于经典域中时，关联函数具体表示为

$$K_{ij}(x_i)=\begin{cases} \dfrac{\rho(x_i,x_{\mathrm{o}},X_0)}{\rho(x_i,X)-\rho(x_i,X_0)} & x_i\notin X_0 \\ \dfrac{\rho(x_i,x_{\mathrm{o}},X_0)}{\rho(x_i,X)-\rho(x_i,X_0)+a-b} & x_i\in X_0 \end{cases} \tag{5-16}$$

式中：$K_{ij}(x_i)$ 为第 i 个物元受到第 j 个物元的关联系数；X_0 为经典域中元素；X 为节域中元素；x_{o} 为 X 的最优取值。

域中任意一点到 $M=[a，b]$中的距离为

$$\rho(x,M)=\left|x-\frac{1}{2}(a+b)\right|-\frac{1}{2}(b-a) \tag{5-17}$$

式中：M 为域中的任意点的坐标。

最后将通过指标赋权法获得各个指标的综合权重，计算得到各个评估目标所处的等级。物元分析法能够从定性和定量的角度比较准确的描述事物当前的状态。

物元分析法模型建立比较简单，可以通过计算机进行程序处理，有较强的实用性。但该方法，没有考虑到电能质量部分指标所具有的模糊性特点，不能够尊重数据本身的结构特点。

五、理想解法

理想解法（Technique for Order Preference by Similarity to An Ideal Solution，TOPSIS）作为一种常用的多目标决策分析方法，以评估对象与理想效果的接近程度为依据，对评估对象进行优劣排序。该算法构造虚拟最优解和最差解，即正理想解和负理想解，计算评估目标与正负理想解的相对欧氏距离（Euclid Distance），靠近正理想解，且远离负理想解为最优解，从而对评估对象依次排序。

正理想解和负理想解为假设的理想值，即正理想解为虚拟最好的可行解，负理想解为虚拟最坏的可行解。图 5-3 为 TOPSIS 法决策示意图，图中 A^+、A^- 分别为正理想解、负理想解，也就是虚拟的最优解和最劣解，虽然可行解中的 A_1 较 A_2 来说更加靠近正理想解，但并不是最远离负理想解，可以看到 A_2 更远离负理想解。因此，TOPSIS 法的优点在与正理想解距离相同的解中，选择出与负理想解距离更远的解作为满意解，避免了单一理想解造成评估结果相同的情况。TOPSIS 法的不足是未考虑欧氏距离计算过程中的权重及电能质量指标之间存在的相关性。

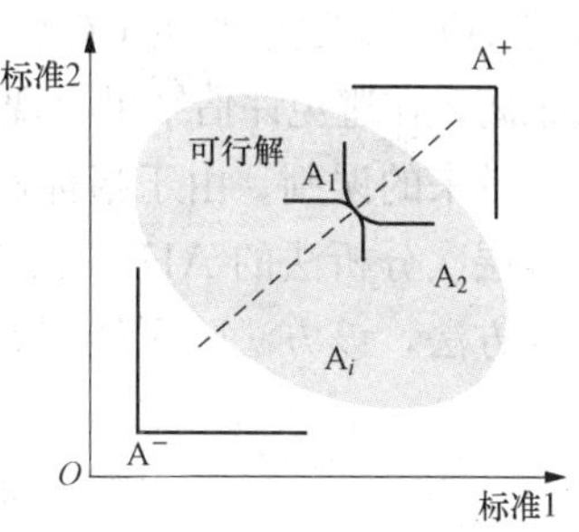

图 5-3　TOPSIS 法决策示意图

第六章　分布式能源微电网电能质量综合评估

针对分布式能源微电网并网过程中带来的电能质量问题，本章提出一种考虑指标相关性的改进 TOPSIS 法电能质量综合评价方法。改进 TOPSIS 法中的距离算法，采用马氏距离替代欧氏距离，在避免评估结果出现并列情况的同时，有效克服了电能质量指标之间的相关性给评估结果带来的误判。由于指标赋权是电能质量评估工作的前提，因此本章同时提出了一种基于改进层次分析法的 AHP - NEW 新型赋权法来计算指标的主客观权重，相对于传统的主客观赋权方法，该方法除了能同时考虑主客观因素，而且大大减少了计算量，可操作性强。

第一节　确定指标权重的算法

一、改进层次分析法

层次分析法（Analytic Hierarchy Process，AHP）的核心是根据专家的经验对评估指标进行重要程度排序。但是传统的 AHP 通常构建判断矩阵，并且需要通过一致性检验，在实际计算的过程中检验往往很难通过。当判断矩阵的阶数较高时，计算量非常大。因此专家提出采用标度法来构造判断矩阵，避免了一致性检验，大大减少了工作量，如图 6 - 1 所示。

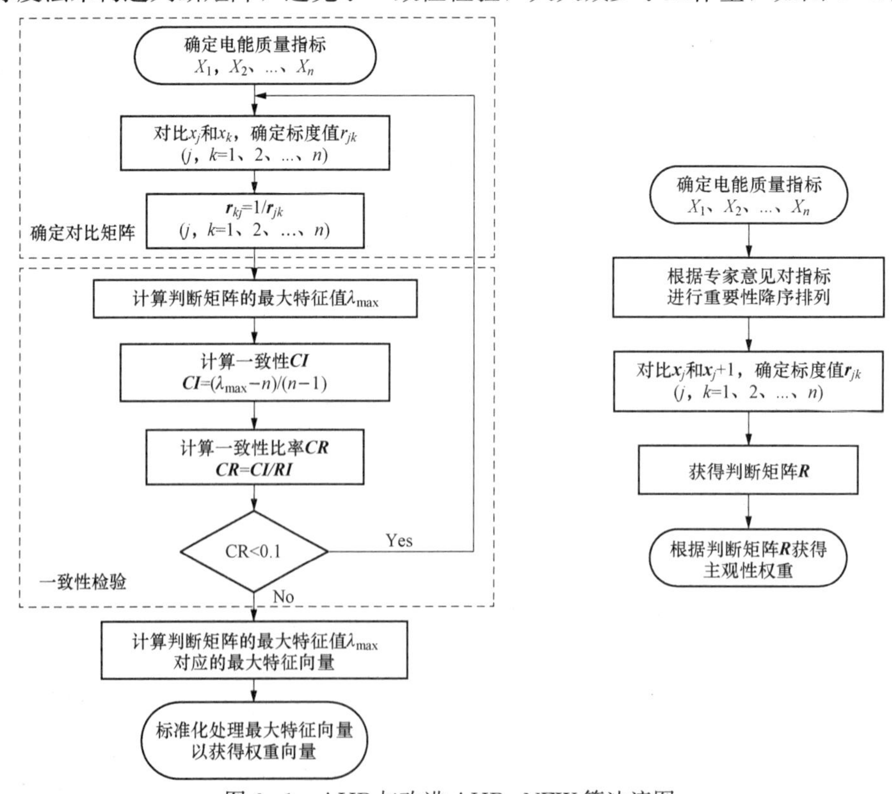

图 6 - 1　AHP 与改进 AHP - NEW 算法流图

假设评估对象有 n 个指标，根据专家意见对 n 个指标进行重要程度的降序排列，如指标 1>指标 2>…>指标 n。通过对指标 j 和指标 $j+1$ 进行两两对比，将其对应的标度记为 b_j。标度的定义见表 6-1。

表 6-1　　标度值的定义

标度值 b_j	标度定义	标度值 b_j	标度定义
1	A、B两个指标同等重要	1.5	A比B介于明显和非常重要中间
1.1	A比B介于同等和稍微重要中间	1.6	A比B非常重要
1.2	A比B稍微重要	1.7	A比B介于非常和绝对重要中间
1.3	A比B介于稍微和明显重要中间	1.8	A比B绝对重要
1.4	A比B明显重要		

根据上述的标度方法，构造判断矩阵 $R=[r_{jk}]$，对该矩阵进行如下定义：

1）r_{jk} 为第 j 个指标与第 k 个指标比较后的标度值，其中 $j=1、2、\cdots、n$；$k=1、2、\cdots、n$。

2）$r_{kj}=1/r_{jk}$，其中 $j=1、2、\cdots、n$；$k=1、2、\cdots、n$。

3）$r_{jj}=1$，其中 $j=1、2、\cdots、n$。

基于上述定义，可以计算出判断矩阵 $R=[r_{jk}]$

$$R=\begin{bmatrix} 1 & b_1 & b_1b_2 & b_1b_2b_3 & b_1b_2b_3b_4 & b_1b_2b_3b_4b_5 & \cdots & b_1b_2\cdots b_{n-1} \\ 1/b_1 & 1 & b_2 & b_2b_3 & b_2b_3b_4 & b_2b_3b_4b_5 & \cdots & b_2b_3\cdots b_{n-1} \\ 1/b_1b_2 & 1/b_2 & 1 & b_3 & b_3b_4 & b_3b_4b_5 & \cdots & b_3b_4\cdots b_{n-1} \\ 1/b_1b_2b_3 & 1/b_2b_3 & 1/b_3 & 1 & b_4 & b_4b_5 & \cdots & b_4b_5\cdots b_{n-1} \\ 1/b_1b_2b_3b_4 & 1/b_2b_3b_4 & 1/b_3b_4 & 1/b_4 & 1 & b_5 & \cdots & b_5b_6\cdots b_{n-1} \\ \vdots & \vdots & \vdots & \vdots & \vdots & \vdots & \vdots & \vdots \\ 1/b_1b_2\cdots b_{n-2} & 1/b_2b_3\cdots b_{n-2} & 1/b_3b_4\cdots b_{n-2} & 1/b_4b_5\cdots b_{n-2} & 1/b_5b_6\cdots b_{n-2} & 1 & \cdots & b_{n-1} \\ 1/b_1b_2\cdots b_{n-1} & 1/b_2b_3\cdots b_{n-1} & 1/b_3b_4\cdots b_{n-1} & 1/b_4b_5\cdots b_{n-1} & 1/b_5b_6\cdots b_{n-1} & 1/b_6\cdots b_{n-1} & \cdots & 1 \end{bmatrix} \tag{6-1}$$

各指标的主观权重为

$$\alpha_j=\sqrt[n]{\prod_{k=1}^{n}r_{jk}}\Big/\sum_{j=1}^{n}\sqrt[n]{\prod_{k=1}^{n}r_{jk}} \tag{6-2}$$

二、熵权法

信息论创始人香农（C. E. Shannon）将熵理论引入了信息论中，将其作为信息无序的量度。熵权法可确定电能质量各指标的客观权重，它作为一种客观的赋权方法，能够进行客观权重的获取。熵值越小，说明信息无序度或混乱度越低，其可利用价值越高，其对应熵权重应越大；相反，熵值越大，说明信息无序度或混乱度越高，其可利用价值越低，其对应熵权重应越小。详细关系见表 6-2。

表 6-2　　熵权重与熵值关系

熵值	信息无序度	信息价值	应赋权重	熵值	信息无序度	信息价值	应赋权重
熵值大	高	低	小	熵值小	低	高	大

设评估矩阵为 $A=(a_{ij})_{m*n}$，指标的客观权重计算步骤如下，熵值法赋权示意如图 6-2 所示。

1）采用标准 0—1 变换对评估数据标准化处理。当指标为效益型属性指标时，指标值越大越好，即“高优”，其标准化公式为

$$b_{ij}^{*}=\frac{b_{ij}-\min\limits_{j} b_{ij}}{\max\limits_{j} b_{ij}-\min\limits_{j} b_{ij}} \qquad i=1、2、\cdots、m;\ j=1、2、\cdots、n \tag{6-3}$$

式中：b_{ij} 为第 i 个评估目标的第 j 个指标标准化后的数值。

当指标为成本型属性指标时，指标值越小越好，即“低优”，其标准化公式为

$$b_{ij}^{*}=\frac{\max\limits_{j} b_{ij}-b_{ij}}{\max\limits_{j} b_{ij}-\min\limits_{j} b_{ij}} \qquad i=1、2、\cdots、m;\ j=1、2、\cdots、n \tag{6-4}$$

2）计算第 j 个指标的熵权重 β_j 为

$$\beta_j=g_j/\sum_{j=1}^{n} g_j \qquad j=1、2、\cdots、n \tag{6-5}$$

第 j 个指标标准化后的稳态权重为

$$g_j=1-e_j \qquad j=1、2、\cdots、n \tag{6-6}$$

第 j 个指标标准化后的权重累积误差为

$$e_j=-\frac{1}{\ln m}\sum_{i=1}^{m} p_{ij}\ln p_{ij} \qquad j=1、2、\cdots、n \tag{6-7}$$

第 i 个评估目标的第 j 个指标标准化后的权重为

$$p_{ij}=b_{ij}^{*}/\sum_{i=1}^{m} b_{ij}^{*} \qquad j=1、2、\cdots、n \tag{6-8}$$

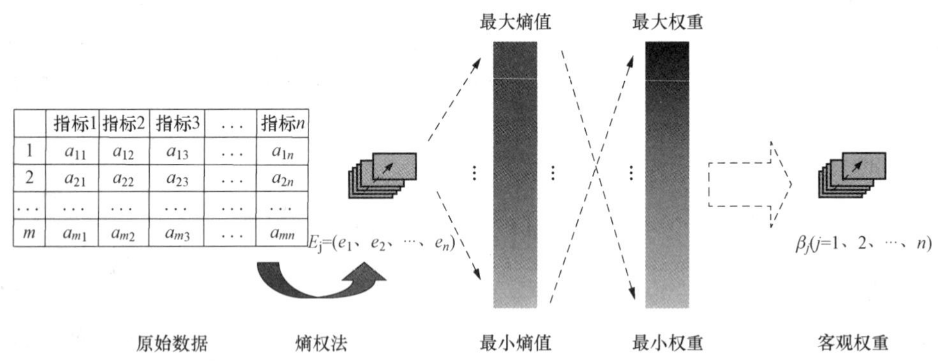

图 6-2 熵值法赋权示意

三、组合权重的确定

将各指标主客观权重相乘并进行归一化处理，得到组合权重，见式（6-9）

$$w_j=(\alpha_j\beta_j)/\sum_{k=1}^{n}\alpha_k\beta_k \qquad j=1,2,\cdots,n \tag{6-9}$$

由式（6-9）可以看出，组合权重既考虑专家意见对指标的重要性，又能对指标数据的好坏进行区分，克服了单一赋权法的不足，符合电能质量评估指标的工程实际。

第二节　改进 TOPSIS 法的综合评估模型

马氏距离通过其自身的协方差矩阵将评估矩阵内部分量线性无关化，不仅可以解决各指标量纲不统一的问题，还能消除指标间的相关性干扰，可作为多目标多属性评估的首选方案之一。步骤如下。

(1) 求解加权规范化决策矩阵。设 $W_j=[w_1, w_2, \cdots, w_n]^T$ 为电能质量各指标的组合权重向量，则加权规范矩阵 $C_{ij}=(c_{ij})_{m*n}$ 为

$$c_{ij} = w_j b_{ij} \tag{6-10}$$

式中：$i=1、2、\cdots、m$；$j=1、2、\cdots、n$。

(2) 确定评估系统的绝对理想解。得到的加权规范矩阵 $C_{ij}=(c_{ij})_{m*n}$，并根据 TOPSIS 法的基本原理，构造正理想解 A_j^+ 和负理想解 A_j^- 两个向量

$$A_j^+ = \begin{cases} 1, & j \in T_1 \\ 0, & j \in T_2 \end{cases} \tag{6-11}$$

$$A_j^- = \begin{cases} 0, & j \in T_1 \\ 1, & j \in T_2 \end{cases} \tag{6-12}$$

其中，"1"和"0"分别表示对应指标的最大值和最小值；T_1 表示"效益型属性指标"，即正指标（高优），T_2 表示"成本型属性指标"，即逆指标（低优）。

(3) 计算马氏距离。设多指标向量 $x=(x_1, x_2, \cdots, x_p)$，其均值向量为 $\mu=(\mu_1, \mu_2, \cdots, \mu_p)$，$s^{-1}$为 x 的协逆矩阵，则 x 的马氏距离的定义式为

$$M(x) = \sqrt{(x-\mu)^T s^{-1}(x-\mu)} \tag{6-13}$$

结合式（6-13）可以定义第 i 个电能质量评估点到正、负理想解的马氏距离分别为

$$\widetilde{M}(A_i,A^+) = \sqrt{(A_i - A^+)^T s^{-1}(A_i - A^+)} \tag{6-14}$$

$$\widetilde{M}(A_i,A^-) = \sqrt{(A_i - A^-)^T s^{-1}(A_i - A^-)} \tag{6-15}$$

(4) 计算第 i 个评估目标的贴近度。设 c_i 为第 i 个评估指标到理想解的相对贴近度，按照贴近度 c_i 值的大小对评估对象进行排序，c_i 越大则表示评估对象越优。反之，c_i 越小则表示评估对象越差。c_i 的计算式如下

$$c_i = \frac{\widetilde{M}(A_i,A^-)}{\widetilde{M}(A_i,A^-)+\widetilde{M}(A_i,A^+)} \quad i = 1、2、\cdots、m \tag{6-16}$$

(5) 考虑指标相关性的改进 TOPSIS 法电能质量综合评估，如图 6-3 所示。

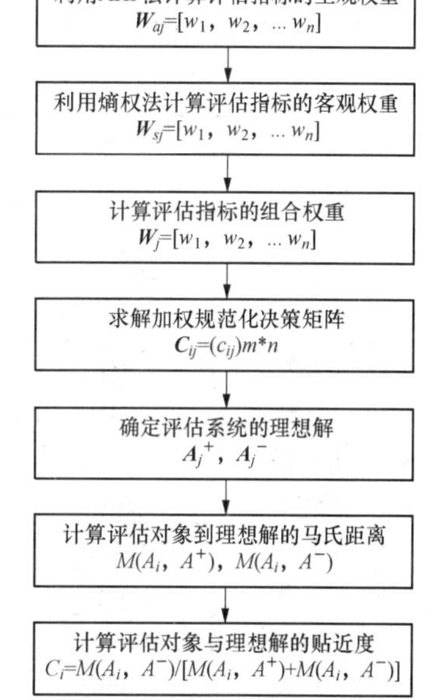

图 6-3　改进 TOPSIS 法电能质量综合评估具体实现

第三节 算 例 分 析

以某地区分布式发电的5个评估对象为研究目标，对其电能质量实测数据的统计值（见表6-3）进行电能质量综合评估。该组数据为5个评估对象长期电能质量监测数据的95%概率大值，能够代表动态变化的电能质量水平。

表6-3 **评估点电能质量实测数据（95%概率大值）**

评估点	频率偏差/Hz	电压谐波/%	电压波动/%	电压闪变/%	电压偏差/%	三相不平衡/%
1	0.09	1.12	0.96	0.22	2.53	0.88
2	0.04	1.26	1.05	0.34	1.66	1.07
3	0.19	1.18	1.41	0.47	3.85	0.83
4	0.11	0.82	0.85	0.38	2.01	0.58
5	0.07	1.35	1.27	0.53	3.18	1.23

一、原始数据相关性分析

统计产品与服务解决方案软件（SPSS）给出了各个变量间的Pearson相关系数，从表6-4中可以看出，在0.01的显著性水平的双侧检验下，电压偏差与三相不平衡之间的相关系数为1，双侧检验的概率值为0，小于0.01，即相关程度是显著的，且为完全正相关。在0.05的显著性水平的双侧检验下，电压偏差和电压谐波之间的相关系数为0.95，双侧检验的概率值为0.013，小于0.05，即相关程度是显著的，且为高度正相关。电压谐波和三相不平衡之间的相关系数为0.95，双侧检验的概率值为0.013，小于0.05，即相关程度是显著的，且为高度正相关。由表可以看出，部分指标之间呈现明显的相关性，在此情况下如果依旧采用传统的评估方法会造成一定的误差。

表6-4 **实测数据的Pearson相关性分析**

Pearson相关性	频率偏差	电压偏差	电压波动	电压闪变	电压谐波	三相不平衡
Pearson相关系数	1	−0.526	0.477	0.280	−0.283	−0.526
显著性（双侧）	—	0.362	0.416	0.648	0.645	0.362
Pearson相关系数	−0.526	1	0.478	0.328	0.950*	1.000**
显著性（双侧）	0.362	—	0.415	0.590	0.013	0.000
Pearson相关系数	0.477	0.478	1	0.706	0.676	0.478
显著性（双侧）	0.416	0.415	—	0.182	0.211	0.415
Pearson相关系数	0.280	0.328	0.706	1	0.344	0.328
显著性（双侧）	0.648	0.590	0.182	—	0.571	0.590
Pearson相关系数	−0.283	0.950*	0.676	0.344	1	0.950*
显著性（双侧）	0.645	0.013	0.211	0.571	—	0.013
Pearson相关系数	−0.526	1.000**	0.478	0.328	0.950*	1
显著性（双侧）	0.362	0.000	0.415	0.590	0.013	—

*为相关性在0.05层上显著（双侧），**为相关性在0.01层上显著（双侧）

二、6项电能质量指标的组合权重

根据基于改进TOPSIS法的电能质量综合评价方法对表6-3的电能质量实测数据进行综合评估。根据专家决策库可以将6项指标按重要程度进行降序排列：频率偏差>电压谐波>电压波动≥电压闪变>电压偏差>三相不平衡。其标度值在实际应用时可以根据专家库决策进行确定，此处假设为$r_{12}=1.8$，$r_{23}=1.7$，$r_{34}=1$，$r_{45}=1.4$，$r_{56}=1.2$。根据式（6-1）计算出判断矩阵R。

$$R=\begin{bmatrix} 1 & 1.8 & 3.06 & 3.06 & 4.284 & 5.1408 \\ 1/1.8 & 1 & 1.7 & 1.7 & 2.38 & 2.856 \\ 1/3.06 & 1/1.7 & 1 & 1 & 1.4 & 1.68 \\ 1/3.06 & 1/1.7 & 1 & 1 & 1.4 & 1.68 \\ 1/4.284 & 1/2.38 & 1/1.4 & 1/1.4 & 1 & 1.2 \\ 1/5.1408 & 1/2.856 & 1/1.68 & 1/1.68 & 1/1.2 & 1 \end{bmatrix}$$

根据式（6-2）依次计算出频率偏差、电压谐波、电压波动、电压闪变、电压偏差、三相不平衡等6项指标的主观权重，有

$$\alpha_j=(0.379205,0.210669,0.123923,0.123923,0.088516,0.073764)$$

利用熵权法计算指标的客观权重，各指标均为“低优”型的逆指标，故可对数据进行标准化处理，得到特征比重矩阵P_{ij}。根据式（6-6）～式（6-8）计算得到各指标的客观权重，有

$$\beta_j=(0.126304,0.212929,0.161242,0.18105,0.153006,0.165469)$$

计算电能质量评估指标的组合权重如下

$$W_j=(0.297634,0.278758,0.124171,0.139425,0.084163,0.075849)$$

三、基于改进TOPSIS法的综合评估

根据式（6-10）对表6-3实测数据进行加权规范，得到加权规范矩阵C_{ij}，见表6-5。

表6-5　　加权规范矩阵

评估点	频率偏差	电压谐波	电压波动	电压闪变	电压偏差	三相不平衡
1	0.026787	0.312209	0.119204	0.030674	0.212933	0.066747
2	0.011905	0.351235	0.130379	0.047405	0.139711	0.081158
3	0.056550	0.328934	0.175081	0.065530	0.324028	0.062955
4	0.032740	0.228581	0.105545	0.052982	0.169168	0.043992
5	0.020834	0.376323	0.157697	0.073895	0.267639	0.093294

由表6-5确定正负理想解，分别为

$$A^+=(0.011905,\ 0.228581,\ 0.105545,\ 0.030674,\ 0.139711,\ 0.043992)$$

$$A^-=(0.05655,\ 0.376323,\ 0.175081,\ 0.073895,\ 0.324028,\ 0.093294)$$

根据式（6-14）、式（6-15），运用Matlab求得每个评估点到正、负理想解的马氏距离，$M_i^+=(2.1176，2.5083，2.9249，1.0889，3.1036)$，$M_i^-=(2.6738，2.6294，1.2683，2.99，1.7596)$。由式（6-16）计算得到每一个评估点的贴近度，分别为$c_1=0.558041$，$c_2=0.511785$，$c_3=0.302466$，$c_4=0.733041$，$c_5=0.361819$。则每个评估点的贴近度排序为

$c_4>c_1>c_2>c_5>c_3$。

四、算例结果分析

为了检验算法的优越性和合理性，将传统 TOPSIS 法的计算结果与本节的计算结果相比较，见表 6-6。可以看到，传统 TOPSIS 法计算的贴近度值排序为 $c_4>c_1>c_2>c_3>c_5$，“>”表示“优于”。而本节方法计算的贴近度值排序为 $c_4>c_1>c_2>c_5>c_3$，显然，改进 TOPSIS 法与传统 TOPSIS 法评估结果在评估点 3(c_3) 和评估点 5(c_5) 的排序上存在差异。

表 6-6　　评估结果的对比

评估方法	评估点 1（c_1）	评估点 2（c_2）	评估点 3（c_3）	评估点 4（c_4）	评估点 5（c_5）
传统 TOPSIS 法	0.492999	0.395786	0.271828	0.858968	0.213107
改进 TOPSIS 法	0.558041	0.511785	0.302466	0.733041	0.361819

根据 6 项电能质量指标重要程度降序排列顺序，对评估点 3 和评估点 5 的电能质量进行详细对比，见表 6-7。可以看出，评估点 5 更优于评估点 3，而这个结果同本节的评估效果一致。

表 6-7　　评估点 3 和评估点 5 对比

电能质量指标	评估点 3	评估点 5	重要程度	对比
频率偏差/Hz	0.19	0.07	1	评估点 5 优
电压谐波/%	1.18	1.35	2	评估点 3 优
电压波动/%	1.41	1.27	3	评估点 5 优
电压闪变/%	0.47	0.53	4	评估点 3 优
电压偏差/%	3.85	3.18	5	评估点 5 优
三相不平衡/%	0.83	1.23	6	评估点 3 优

由表 6-7 可得图 6-4，可以更为直观的观察评估点 3 和评估点 5 的评估差异。图中横坐标为 6 项电能质量指标重要程度降序排列顺序。通过参考指标的重要程度并结合指标数据可以得到评估点 5 的各个指标数据整体低于评估点 3，由于 6 项电能质量指标均为“低优”型，即数值越低越好，因此可以确定评估点 5 的电能质量优于评估点 3，与本节的评估结果相同。

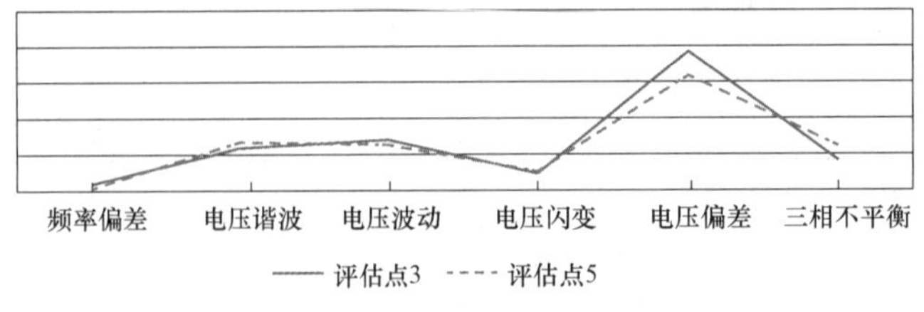

图 6-4　评估点 3 与评估点 5 结果对比

为了进一步验证本节提出的考虑指标相关性的改进 TOPSIS 法电能质量综合评估方法的有效性，将现有评估方法包括层次分析法、模糊理论法、组合权重法、传统 TOPSIS 法的评估结果与本节结果进行对比，见表 6-8。在计算过程中，层次分析法需要构造判断矩阵，并多次进行一致性检验，计算量巨大；模糊理论法在确定隶属度函数和获取权重的过程中过于依赖经验，未考虑数据本身包含的信息，主观性太强；组合权重法仅通过指标组合权重对电能质量数据集结，缺乏工程数学严谨性。以上方法均未采取措施解决电能质量指标之间的相关性影响。由表 6 - 8 可以看到，本节评估结果与多种方法的评估结果基本保持一致，符合各评估结果的拟合趋势，证实了考虑指标间相关性的改进 TOPSIS 法电能质量综合评估的有效性和优越性。

表 6 - 8　　各评估方法结果对比

评估方法	各评估点电能质量排序
层次分析法	评估点 4>评估点 1>评估点 2>评估点 5>评估点 3
模糊理论法	评估点 4>评估点 2>评估点 1>评估点 5>评估点 3
组合权重法	评估点 1>评估点 4>评估点 2>评估点 5>评估点 3
传统 TOPSIS 法	评估点 4>评估点 1>评估点 2>评估点 3>评估点 5
改进 TOPSIS 法	评估点 4>评估点 1>评估点 2>评估点 5>评估点 3

第七章　电能质量综合评估软件

关于电能质量综合评估的研究已经比较成熟，针对不同应用场景而设计的评估算法种类繁多，已经基本上能够满足当前电能质量综合评估工作。然而，不管何种电能质量评估方法都避免不了大量的数据处理与计算，这对电能质量管理人员来说是一项极其复杂的工作。开发操作简单的基于计算机/服务器模式的集数据查询、存储、计算、可视化为一体的电能质量综合评估软件，能够大大减少管理人员的工作量，并大幅度提高数据处理速度。本章将在 Python 环境下进行程序编写，采用 MySQL 数据库进行数据管理，通过调用 Python 工具包来实现复杂数据处理的功能。

第一节　评估软件开发环境

一、Python 概述

Python 是一种可以应用于 Web 开发、软件开发、后端开发、人工智能以及科学计算等领域的解释型脚本语言，由于具有简洁性、易读性、可扩展性等优点，它已经越来越受到开发人员的青睐。Python 程序有被明确定义的语法，并且关键字少、结构简单，这对初学者而言是极其友好的。

庞大的标准库是 Python 的一个非常明显的特点，这些大量的库可以实现各种功能，包括数据处理、Web 开发、网络爬虫及人工智能等。在 Linux，Windows 和 Mac 等操作系统上展现了很好的兼容效果。故本章选用 Python 作为分布式能源微电网电能质量综合评估系统的开发环境。

二、MySQL 数据库

MySQL 是一个关系型数据库管理系统，由于其将数据保存在不同的表中而不是一个集体仓库中，因此具有较高的速度和灵活性。电能质量综合评估系统需要存储大量的电能质量历史数据，以便管理人员查询，MySQL 可以支持 5000 万条记录的数据仓库，其中 32 位系统支持最大的表文件为 4GB，64 位系统支持最大的表文件为 8TB。由于其开源的特点，因此在使用过程中不需要付费。同样，MySQL 可以适应不同的系统，且支持包括 Python、C、C＋＋、Java 等在内的多种语言。

三、开发过程中主要使用的 Python 工具库

（1）PyMySQL：用于 Python 与 MySQL 数据库交互的一个库，实现 Python 连接和操作 MySQL，从 MySQL 中存储和调用数据。

（2）Tkinter：Python 中的标准库，可以用来创建人机交互界面。在本文的电能质量综合评估系统中用于搭建整个电能质量综合评估系统人机交互界面。

（3）Math：在 Python 标准库中内置的数学类函数库，一共含有 4 个数字常数和 44 个数学函数。在本文的电能质量综合评估系统中用于数据的处理与计算。

（4）NumPy：Python 中的扩展程序库，可以支持数组与矩阵的计算，其中也包含大量

的针对数组计算的函数。在本文的电能质量综合评估系统中需要进行矩阵和数组计算，因此采用 NumPy 库。

（5）PIL：Python 的第三方图像处理库，可以用于图像归档、图像展示、图像处理等。在本文的电能质量综合评估系统 PIL 配合 Tkinter 库进行 GUI 界面的制作。

（6）Matplotlib：Python 中用于将数据绘制成图形的第三方库，包括折线图、柱状图、饼状图等，即数据可视化处理。在本文的电能质量综合评估系统用于将电能质量评估结果生成柱状图，以便于直观了解各评估点电能质量的差异。

（7）threading：Python 中的标准库，用于开辟多线程，让程序的运算更加快速高效。

第二节　分布式能源微电网电能质量综合评估系统软件的开发

一、评估系统软件的架构

分布式能源微电网电能质量综合评估系统软件将主要实现以下功能：

（1）存储某一地区的并网分布式能源微电网电能质量实测指标数据。

（2）以时间（具体到日）为查找条件，对已经录入系统的分布式能源微电网电能质量进行查询、显示。

（3）采用组合赋权—改进理想解法为评估方法，对指定评估点的电能质量进行批量计算。

（4）获取各评估点的电能质量综合得分，并以柱状图的格式对其进行数据可视化处理。系统的整体框图如图 7 - 1 所示。

分布式能源微电网电能质量综合评估系统的设计流程图如图 7 - 2 所示。

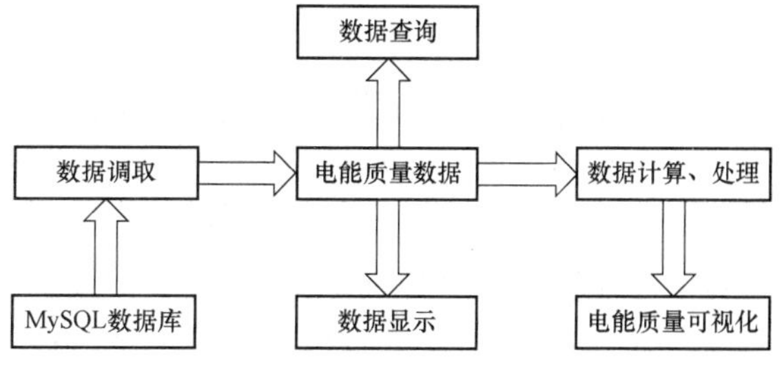

图 7 - 1　系统的整体框图

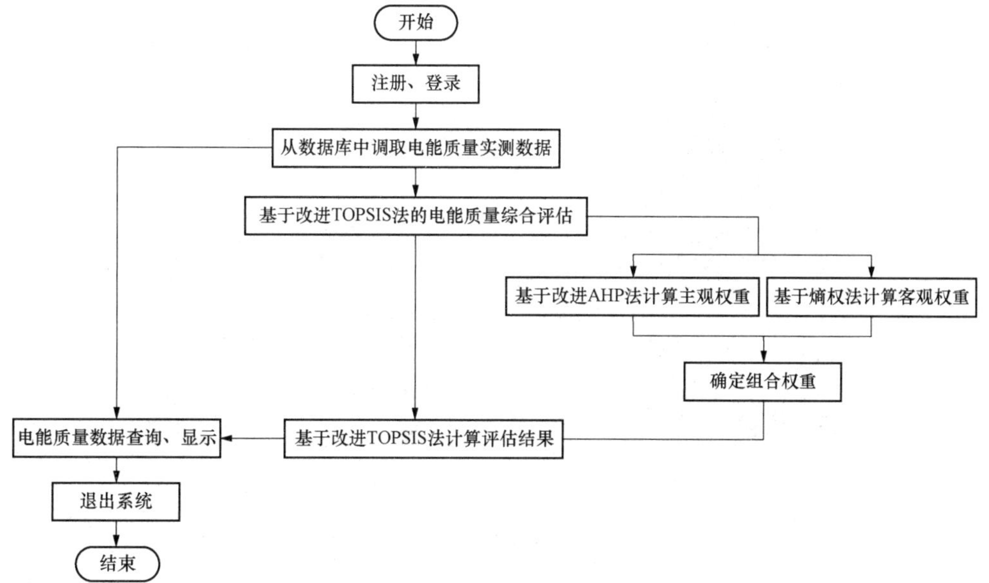

图 7 - 2　分布式能源微电网电能质量综合评估系统设计流程图

二、分布式能源微电网电能质量综合评估系统界面

（1）登录及注册界面。分布式能源微电网电能质量综合评估系统设计了以账户密码的方式登录，避免无关人员进行操作。管理人员可通过注册账户密码来获取登录资格。如登录密码错误，则会显示无法登录，直至输入密码正确。登录及注册界面如图 7 - 3 所示。

图 7 - 3　登录及注册界面

（2）数据选择界面。电能质量指标数据以时间为节点录入数据库，并进行存储，以便于以时间为查找条件来获取电能质量数据。图 7 - 4 为数据选择与查询界面，以日期（具体到日）为限制条件，通过选取不同的评估对象来获取对应的数据。如选择日期为 2020 年 1 月 1 日，则下一步选取的数据均为该日数据；继续选择评估对象为评估点 3，则下方对应的显示屏即显示评估点 3 的 6 项电能质量实测数据。该界面同时设置有清除功能，若选择错误以便于更改。

图 7 - 4　数据选择与查询界面

如图 7 - 5 所示，当 5 个评估点数据选择完成后，点击“计算电能质量结果”可进入评估结果界面。

图 7-5 数据选择界面

（3）评估结果界面。点击“计算电能质量结果”后，系统计算各评估点的电能质量综合得分，如图 7-6。各个评估点电能质量水平，以柱状图的形式呈现出来。显示评估结果的同时，系统将获取本地时间，与电能质量评估结果一同显示。

若想返回上一步重新选择其他评估点的数据进行计算，可点击右上方的“重新选取数据”，返回上一步。点击“退出”返回至登录界面。

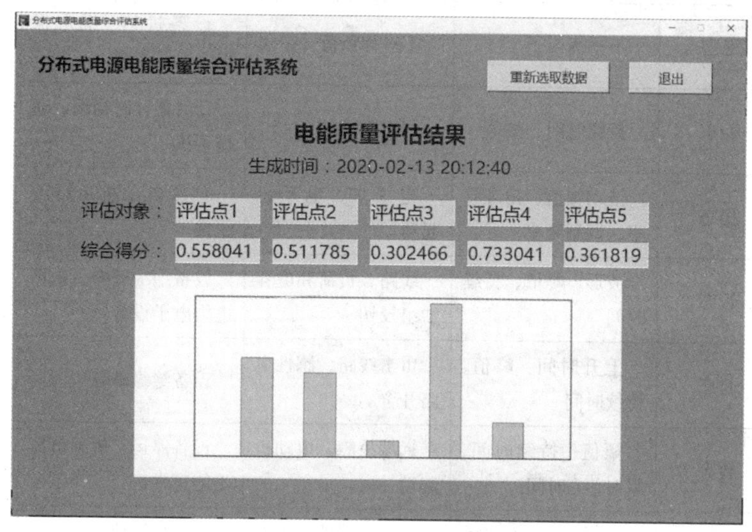

图 7-6 评估结果界面

第三篇　分布式能源微电网电能质量监测技术

第八章　概　　述

随着用电需求增加和电力系统规模扩大，非线性、冲击性、不平衡的负荷日益增多，导致电能质量问题越来越严重，造成电网供电质量降低，运行状况恶化。常见电能质量问题见表 8-1。由电能质量问题引发的纠纷和电网事故呈上升趋势，电能质量的监测管理和治理工作变得越来越重要。电能质量监测是将原始测量数据进行收集、分析并解释为更有用的信息的过程。建立完善的电能质量监测系统，对整个电力系统的电能质量管理和改善都是十分重要的。

表 8-1　　常见电能质量问题

类型	扰动性质	特征指标	产生原因	后果	解决方法
谐波	稳态	谐波频谱电压、电流波形	非线性负荷、固态开关负荷	设备过热、继电保护误动、设备绝缘破坏	有源、无源滤波
三相不对称	稳态	不平衡因子	不对称负荷	设备过热、继电保护、通信干扰	静止无功补偿
陷波	稳态	持续时间、幅值	调速驱动器	计时器计时错误、通信干扰	电容器、隔离电感器
电压闪变	稳态	波动幅值、出现频率、调制频率	电弧炉、电动机起动	伺服电动机运行不正常	静止无功补偿
谐振暂态	暂态	波形、峰值、持续时间	线路、负荷和电容器组投切	设备绝缘破坏、损坏电力电子设备	滤波器、避雷器、隔离变压器
脉冲暂态	暂态	上升时间、峰值、持续时间	雷击线路、感性电路开合	设备绝缘破坏	避雷器
电压暂升/暂降	暂态	幅值、持续时间、瞬时值/时间	远端故障、电动机起动	设备停运、敏感负荷不能正常运行	不间断电源、动态电压恢复器
噪声	稳态/暂态	幅值、频谱	不正常接地、固态开关负荷	微处理器控制设备不正常运行	正确接地、滤波器

第一节　电能质量监测技术的必要性及研究情况

一、电能质量监测技术的必要性及发展需求

随着电力系统运行的管理和计算机与网络技术的发展，电力部门需要多点进行电能质量

指标的统一监测管理，以便了解整个区域的电能质量状况，进而采取相应的措施改善电能质量。如今能源互联网已是现代电网的发展趋势，网络信息技术也已经渗透到各个领域，国内外诸多电力企业和用户也相继建有电能质量监测平台，能对各电能质量指标监测数据进行实时监测，但这并不能完全反映出电能质量问题的全部根源。尤其随着能源互联网的发展，将各个相互独立的监测点组成统一的监测网，并按照国际、国家电能质量标准进行实时在线监测，是未来电能质量监测系统的发展趋势之一。

对于复杂的电力系统而言，为了能更好地监控电能质量，电力部门在不同的区域、不同的电压等级下都安装了大量的监测设备，从而导致各监测点呈现的数据各不相同，存在一定的差异性。而作为一个整体的电网，这些数据又都是紧密联系的。此外，随着电网规模的日益扩大和电力负荷结构的多元化发展，监测点数据必然会日益增多，而传统电网在信息的处理能力及信息表达的方式上存在一定的滞后性和局限性，暂时不能满足对电网运行状态更加精细化监测和电网运行方式更加精准化决策的需求。为此，面对这些海量数据，如何进行有效的分类、分析和评估，并实时、全面、清晰、可视化地呈现给电能质量技术人员，是目前电能质量监测系统需要解决的问题。

综上所述，目前电能质量监测系统正趋向于在线监测、实时分析、网络化、社会化和智能化。因此，为了加强电网电能质量的综合监测与管理，并为谐波治理的规划及方案设计提供科学的决策支持，在电网管理的各个层次上需建立电能质量综合监测及管理系统，对全网电能质量信息进行综合有效地监测、管理和分析。

二、电能质量监测技术研究现状及发展趋势

自 20 世纪 90 年代以来，国内外的电力部门与电力用户都已经深刻认识到电能质量监测的重要性。电网中的谐波会影响各种电气设备的正常工作，增加设备的损耗和发热，造成设备的故障，甚至使继电保护与自动装置产生错误性的动作或导致一些电气测量仪表的不准确计量，从而造成巨大的经济损失。因此对电能质量进行实时监测在改善整体电能质量的过程中起着极其关键的作用，需要建立一个完善的电能质量监测与管理系统，以便进行准确地监测、评估与分析。基于此，本节将对电能质量监测技术研究现状及发展趋势进行综述。

（一）网络化电能质量监测系统研究进展

电能质量监测网络对电网中各项电能质量指标进行实时监测，已经成为保证电能安全、经济和高质量供电的重要措施之一。随着计算机技术和网络技术的快速发展，开发联网并具有图形用户界面（Graphical User Interface，GUI）、统计分析、Web 浏览和远程监控管理等功能的电能质量监测系统已经成为主流。电能质量监测的主要发展历程见表 8 - 2。

表 8 - 2　　电能质量监测的发展历程

阶段	说明	优点	缺点	实施阶段
电能质量离线测试	利用便捷式电能质量分析仪现场测试	不间断实时测量	孤立的监测点	20 世纪 90 年代中期
电能质量监测网	—	初步形成多监测点同时监测比较	众多厂家各种独立	2004—2007 年

续表

阶段	说明	优点	缺点	实施阶段
小规模电能质量监测统一平台	通信数据规约统一，一套平台系统	统一管理各种不同类型的监测终端	规模较小，重点监测电能质量污染用户	2008—2009 年
大规模电能质量监测统一平台	实现全网电能质量信息监测	开展系统层面各种智能分析	缺乏自动优化控制等互动能力	2010—2015 年
电能质量智能监控平台	全网电能质量实时监测控制	实时监测，智能控制	—	2016—2020 年

近年来，许多国家在电能质量监测技术上应用现有 Internet 实现对电能质量的网络化管理和远程监测，实现电网监测的智能化，甚至出现了“网络就是仪器”的概念。特别是美国 EPRI 和 TVA（田纳西河流域管理局，Tennessee Valley Authority）电力部门共同开发的网络型电能质量监测系统，其模块化的设计和体系结构使它可以运行在不同的平台上，为新设备的接入提供标准接口，为海量的电能质量数据提供充足的存储容量与运行空间。

相较国外，我国在电能质量监测技术研究上起步较晚，电能质量监测依然存在着很多问题，比如智能化程度较低、效率较低、监测精度不高、检测不方便、指标少和产品缺乏相应的国家标准等。上海在过去几年内，先后对京沪高铁、上海轨道交通、虹桥光伏电站及交直流特高压等进行了有针对性的电能质量测试，形成专项测试报告，反映测试中发现的问题，并提供整改方法和应对措施。为此，自 2005 年起，国网上海市电力公司已筹建了上海电网电能质量监测管理系统，并于 2008 年 3 月开始投入运行。目前覆盖了 380V～500kV 区域，包括 372 个电能质量监测终端、监测中心和配套通信系统，具有采集、传输、存储、分析、展示、评估等功能。

然而，国内大部分地区的电能质量监测方式仍处在定期或不定期检测阶段，有些地区还采用传统的电能质量监测方法，一般需要相关技术人员带着便携式多功能电能质量分析仪进行现场测试、人工抄表、数据汇总等，之后再根据统计报表对电网电能质量水平进行评估分析，致使这种监测与管理模式存在着一定的局限性。此外，在目前的国内电能质量监测系统中，有线通信模式占据着主导地位，后续需要采用无线网络替代传统有线通信，也可以运用 Web 技术实现电能质量远程访问。

（二）电能质量监测可视化研究进展

可视化技术是一种基于计算机的图像处理技术，其广泛应用于电力系统监测中，并在实时监测系统中发挥着重要作用。可视化技术将电力系统中的电力设备用图形符号表示，并可结合电力设备实际的连接关系，建立起图形符号的逻辑连接关系。该技术不但能实时地反映设备和线路等运行情况，更能为值班人员查看设备的当前运行状态提供便利，同时还能够将故障及时传达给值班人员，以便故障的切除和设备的检修。在可视化技术的基础上，电能质量监测可视化技术应运而生。过去十几年间，北美因大规模电网建设和潮流最优分配问题开始研究电能质量监测可视化技术，其主要研究为基于虚拟仪器（LabVIEW）技术与地理信息系统（GIS）技术的在线电能质量监测平台，实时监测电力系统的发输变配用，其中前者占主导作用。

近年来，国内外许多学者已对电能质量可视化关键技术做了大量研究，也得到了许多应用成果，比如，在能量管理系统（EMS，Energy Management System）中开发了一个三维可视化模块，并将柱状图、三维曲面图、箭头图和管道图等可视化显示方式应用于多个电力系统调度中心。此外，随着可缩放矢量图形（SVG，Scalable Vector Graphics）技术作为标准图形格式在电力系统中的广泛应用，基于SVG的可视化技术也日趋发展起来，尤其在电力系统的静态图形中的显示，从而使可视化程度不断提高。

然而，随着能源互联网的建设不断加快，电力系统可视化平台也在不断地完善，但其现有的3D规格界面（Direct 3D）、开放式图形库（Open GL）、GIS等可视化技术的各种特点和优势仍未能在一个标准的平台上得到兼容与集成，从而降低了平台的可用性和高效性。就目前来看，由于大部分的可视化技术仍处于概念设计和示意性展示阶段，因此难以与实际电网架构和数学模型紧密结合，而且缺乏灵活的人机交互方式，并不能很好地将信息表达与人的感知规律和思维习惯相结合，从而导致智能化程度不高。

由此可见，电能质量监测系统将向着网络化、社会化、智能化方向发展，其不仅应具有最基本的计算、显示功能，还应集成分析评估、判断决策等功能，并可以对故障事件进行预测、干扰源识别和控制等。与此同时，电能质量监测系统与数据采集系统（SCADA）和EMS之间的联系将不断加强。

第二节　电能质量监测目标和要素

一、电能质量监测目标

监测目标决定监测设备选择、触发阈、数据采集和存储方法等要求。任何电能质量监测系统都应明确监测目标，主要包括：

（1）对各种电能质量指标进行实时更新测量与数据采集，保证对电力系统基本运行工况的观察、记录及动态分析。

（2）针对各电能质量指标的具体特征进行分层检测，完成对多种扰动信息的识别、提取和分析，并具有事故诊断能力，为制定改善电能质量和治理电网污染的具体措施提供可信的依据。

（3）全面了解电网安全、稳定、优质运行的技术经济条件，对电能质量各项指标进行综合评价，优化整个系统的监测体系，实现数据共享与交流。

（4）对各种电能质量问题进行监测和数据采集，并进行电能质量分类。

（5）掌握电能质量问题产生的条件，从而能采取相关措施，使其有可能造成的损失减到最小。

（6）监测电网的可靠性程度。

（7）描述系统的整体性能。

（8）描述特定电能质量问题。

（9）评估电能质量水平。

（10）加强诊断与设备维护。

（11）不断提高电网的可靠性。

（12）发现新的电能质量问题。

(13) 符合电力市场兴起与发展的要求。

二、电能质量监测要素

(1) 确定电能质量的描述和分析方法。

(2) 选择监测点。一般来说，在几个关键点进行测量即可确定整个系统的特性。监测位置通常选择用户的供电入口，受影响的设备附近，或在变电站和特定用户供电入口同时监测。

(3) 设定监测启动阈值。

(4) 确定测量和监测时间。

(5) 查找扰动源。

电能质量监测系统是对电能质量进行综合评估及电能商业运作所需技术数据的可靠源泉，也是保障规范用电及监督用电管理的强有力手段，还是电能企业面向市场、适应市场竞争的强有力措施。电能质量监测的要求主要有测量广度和测量深度两个方面。测量广度是要求测量装置具有测量电能质量全面指标的能力，包括各种连续型及事件型电能质量问题；测量深度是指不仅可以方便快速地查询时间相关数据，而且可以自动修改信息类型及其设定门槛值，自动捕捉各种电能质量扰动，通过敏感度分析和统计，对发展趋势做出判断，下达维护和治理控制命令等。具体来说，电能质量监测系统有以下几个方面要求：

(1) 电能质量监测方法和数据处理必须遵照国家颁布的标准。

(2) 精度要求：为达到减少误差和精确测量的目的，需制定一些测量精度，以表示抗御噪声、杂波等非特征信号分量的能力。

(3) 速度要求：要求具有较快的动态跟踪能力，监测时滞性小。

(4) 鲁棒性好：在电力系统的正常、异常运行情况下都能测出所需的各项电能质量指标。

(5) 实践代价小：在实践中应酌情考虑，在达到应用要求的前提下，力求获得较高的性价比。

第三节　电能质量监测方式及设备

一、电能质量监测方式

目前电能质量监测方式主要包括定期或不定期巡检、专项检测或临时抽检、传统在线监测三种。

1. 定期或不定期巡检

定期或不定期巡检主要适用于需要掌握电能质量指标又不需要连续检测或不具备在线监测条件的场合。

(1) 对于居民、商业区及小工厂供电系统监测点的电能质量监测，根据重要程度一般一个月或一季度检测一次，并应进行详细的记录存档。

(2) 定期巡检使用的仪器主要是便携式电能质量分析仪或手持式电能质量分析仪。

(3) 对于没有冲击性负荷的电网及供电范围内负荷变化不大的情况，电压波动和闪变的影响很小或不存在，电压波动和闪变的指标一般不需要在线监测，定期检测的时间一般半年或一年一次就能满足要求。对存在冲击性负荷的电网，一般一个季度或一个月检测一次，可视具体情况而定，检测仪器使用闪变仪或便携式电能质量分析仪。

2. 专项检测

专项检测主要用于负荷容量变化大或有干扰源设备（如电弧炉、换流设备、电容器组、滤波器等）接入电网，或临时有反映电能质量出现异常，需要对比前后变化情况的场合，以确定电网电能质量指标的背景状况和负荷变动与干扰发生的实际参量，或验证技术措施效果等。专项检测工作在完成预定任务后即可撤销。专项检测一般使用便携式电能质量分析仪。

3. 传统在线监测

传统在线监测是对重要变电站或实施无人值班变电站的公共配电连接点或重要电力用户的配电连接点的在线监测。传统在线监测主要适用于监测电网电压质量偏差、三相电压不平衡、电压谐波等稳态电能质量指标，以及电力用户负荷注入公用电网的谐波电流和负序电流等指标。

二、电能质量监测设备

（一）常见的电能质量监测设备

常见的电能质量监测设备从简单到复杂，大致可以分为三大类。

1. 传统监测仪器

传统监测仪器包括万用表、数字相机（记录扰动波形）、示波器（记录波形和时变数据）、扰动分析仪、谐波分析仪和频谱分析仪。但它一般在需要时才对电能质量进行检测，实时性差，当电能质量波动较大时，无法得到全面的电能质量信息。传统监测仪器功能单一，一般只检测一两项电能质量指标。另外，它们大多安装在孤立的节点上，受器件和分析方法的限制，难以快速、准确地捕捉系统中的短时暂态扰动，精度也往往达不到要求。

2. 数字型监测仪器

数字型监测仪器采用单片机、数字信号处理器，一般可和计算机相连，构成数据处理能力较强的 PC+DSP 结构，用数值计算的方法对信号进行采集、解析与识别等加工处理，以达到提取信息和便于应用的目的。它一方面改善监测速度和准确性，趋向于高性能的实时处理，如数字式闪变测量仪；另一方面向多功能方向发展，如扰动与谐波综合分析仪等。这类仪器对单个站点的测量有比较好的效果。其不足之处在于：由于装置本身限制，无法同时监测多项指标；需要大量人力、物力进行测量、分析；数据量有限，不利于长期跟踪和深入评估。

3. 智能型综合监测仪器

智能型综合监测仪器的特点在于除了对采集到的数据进行信号识别之外，还可以进行分析、处理，从而提供更有意义的结论和建议。例如，扰动源的定位、应对措施的建议、报警功能及各种专家系统。

（二）电能质量测量设备的选择

选择仪器时需考虑几项重要因素，包括：

（1）通道的数量（电压和/或电流）。

（2）仪器的温度要求和仪器的耐用性。

（3）输入电压范围和功率要求。

（4）测量三相电压的能力。

（5）输入隔离（输入通道之间和每个通道与地之间的隔离）。

（6）仪器装配（便携式、安装在机架上等）。

(7) 使用简便（用户接口、图形化功能等）。

(8) 通信能力（Modem、网络接口）。

(9) 分析软件的功能。

(10) 仪器的综合性（单个仪器的功能越多，所需仪器数量越少）。

第四节　电能质量监测终端技术架构

从产品需求上来分，监测终端有三大块需求：①模拟数据的 A/D 采样；②数字信号处理，计算各项监测指标；③数据显示、通信。因此，在设计上，监测终端就分为 A/D 板、DSP 板和主板。

从图 8-1 可以看出，监测终端主要由信号采样板、DSP 板和主板三大块组成。

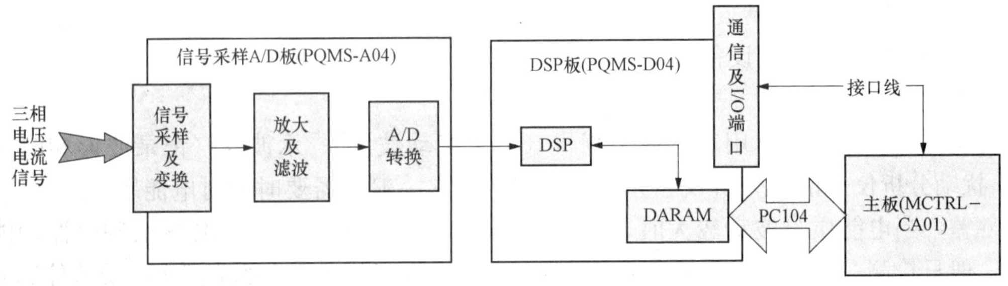

图 8-1　电能质量监测终端的总体架构

电能质量监测终端的系统架构如下。

（一）子系统划分

从图 8-1 可以看出，整个系统硬件分为三大部分：信号采样 A/D 板（简称 A/D 板）、DSP 板和主板，系统软件有 DSP 软件和主板软件。

三相电压、电流通过模拟信号采样，变换为电压信号，然后经过放大及抗混叠滤波，再经过 A/D 转换变为数字信号；数字信号送到 DSP 芯片进行数字信号处理，得出各项指标的检测数据，同时把此检测数据送入双口 RAM（DARAM）；主板从双口 RAM 取出各项指标检测数据，进行显示、保存、检测是否超标、数据通信等。

（二）硬件系统功能

1. 信号采样 A/D 板及数据处理 DSP 板

信号采样 A/D 板从二次回路中取三相电压、电流信号，电压信号输入额定电压为 57.74V，电流为 1A/5A，经过内部电阻分压网络或互感器变成低压信号，滤波放大处理后送入高精度 ADC 进行 A/D 转换，得到数据并传输到 DSP 板，由 DSP 进行数据分析处理。

系统充分发挥 DSP 的浮点运算功能，把由 A/D 转换得来的电压、电流数据进行 FFT 处理，得到各电能质量监测所要求的稳态与暂态、瞬态数据，并通过双口 RAM 上传到主板侧，由主板侧进行记录保存。

系统自带内存，可以实现双口 RAM 的自检功能，并能进行远程升级维护。

DSP 板要在 10 个周波时间内完成电能质量监测的全部稳态指标，如 FFT 变换，电压波动参数监测，短时闪变数据处理，三相不平衡，电压偏差及暂态、瞬态数据的监测、记录、上传等。

DSP 板对采样数据无间断地进行 FFT 变换，每 10 周波 4096 点进行一轮：三相电压、三相电流共六次 FFT 变换，每秒完成 30 次 FFT 变换。

2. 主板

主板从双口 RAM 读出各项指标的监测值，进行数值显示并保存到存储器；完成数据通信功能；判断监测值是否超限；提供系统运行参数的设置与保存。

主板采用具有体积小，功耗低，可靠性高及开发、移植、升级方便等优点的嵌入式 Linux Arm 9 系统。

为了保证实时性，提高性能，充分利用系统资源，采用多线程技术，把不同的任务分别放在不同的线程中并发运行。

（三）软件系统功能

DSP 软件模块如图 8-2 所示，主要完成各种电能质量指标的计算与分析。

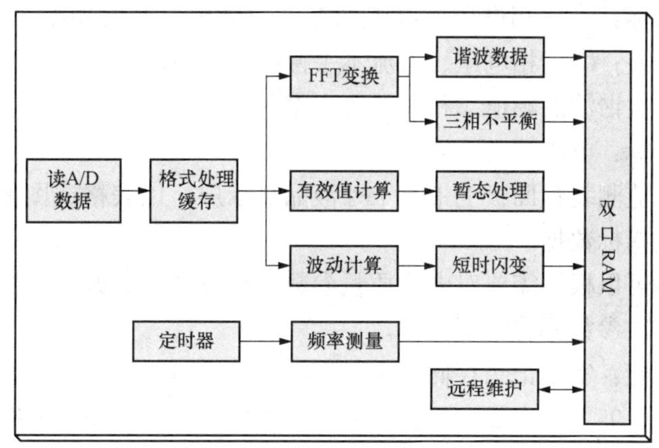

图 8-2　DSP 软件模块

主板软件模块如图 8-3 所示，主要完成参数设置、显示、通信等人机交互功能。

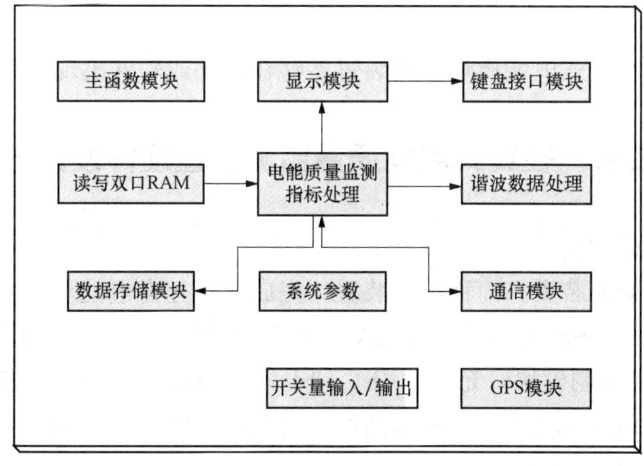

图 8-3　主板软件模块

第九章　在线式电能质量监测装置硬件设计

第一节　在线式电能质量监测装置功能要求

在线式电能质量监测装置不仅可以监测稳态电能质量参数指标，还可以监测和记录暂态电能质量参数指标，主要包括电压的骤降和骤升、闪变等，实用性较强。监测装置主要具有以下功能。

（1）基本测量量：三相电压、电流有效值、电网频率、有功功率和无功功率、视在功率、功率因数。

（2）基本监测指标：①三相电压、电流的基波有效值、基波功率、功率因数、相位等；②电压偏差、频率偏差；③三相电压、电流不平衡度；④谐波（2～50 次），包括电压、电流的总谐波畸变率、各次谐波的幅值、相位及含有率。

（3）高级监测指标：电压波动、闪变。

（4）显示功能：监测装置面板上带有 7 寸液晶显示屏，以表格或图像的方式实时显示监测到的电能质量参数指标数据。

（5）设置功能：可以根据需要对电能质量参数进行设置、修改和查看，也可以设置统计时间间隔，每设置一次参数都有密码保护。

（6）记录存储功能：实时记录存储基本和高级电能质量监测指标、数据（包括参数最大值、最小值、平均值、95%概率值）最长可保存一年以上，之后按“先进先出”原则更新。

（7）通信功能：通过多种通信接口方式，可以实时传输或定时提取存储记录监测到的电能质量数据，还可以通过工业以太网与电能质量管理中心远程通信，也可通过 RS - 232C/485 接口，以 Modem 或 GPRS 方式进行远程通信。此外，装置还设有 WiFi 模块，可以将实时数据传输到移动设备上。

（8）报警功能：在线式电能质量监测装置能够在硬件或软件出现故障的情况下报警。

第二节　在线式电能质量监测装置硬件设计方案

一、监测装置硬件架构

在线式电能质量监测装置（简称监测装置）完成的任务有电能质量数据的处理、分析及显示。监测装置通常以 DSP＋ARM＋FPGA 为核心的硬件架构平台，其中 DSP 为数据运算处理模块，ARM 为主控制模块，充分运用了 DSP 本身快速处理数据的能力及与 ARM 的协调管理及控制能力。FPGA 模块可以实现高速、高精度多路信号同步采样，大大提高了装置的性能与监测精度。

监测装置通常分为数据采集处理单元和人机交互管理单元两部分。图 9 - 1 为监测装置硬件系统结构，图 9 - 2 为硬件电路板实物图。由图 9 - 1 可知，前端数据采集处理单元由 A/D

信号采样单元、FPGA 单元及 DSP 数据处理单元组成。监测装置首先通过 A/D 采样模块对来自高压互感器二次侧的三相电压、电流进行采集。通过 A/D 芯片对互感器输出的六路信号进行采样，数据总线将采集的数据传送到 DSP 进行相应的数据处理。DSP 模块的主要任务是控制 A/D 转换，并将转换后的电能质量数据进行存储计算，然后通过 SPI 通信将处理后的数据传送给数据管理模块，即 ARM 模块进行存储、通信及显示。图 9-3 为模块供电电压分支图，分别通过 DC/DC 转换模块，把交流 220V 电压转换为直流 5V，然后根据各个模块供电电压需求，再进行转换，变成 5、3.3、2.5、1.8、1.2V 等电压等级，供给不同模块。

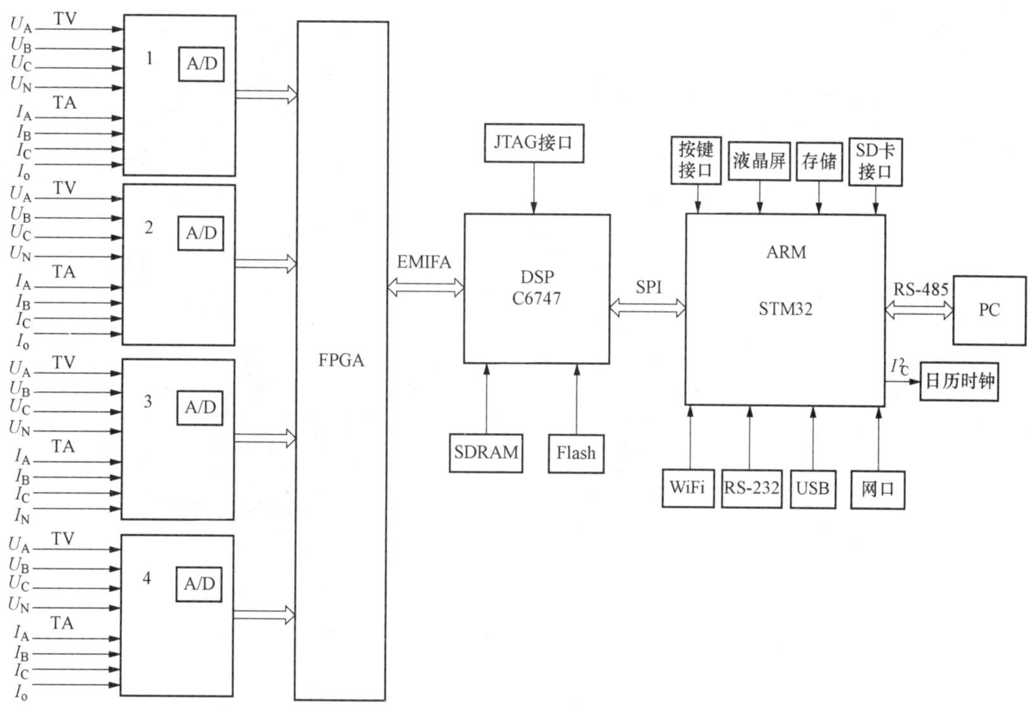

图 9-1　监测装置硬件系统架构

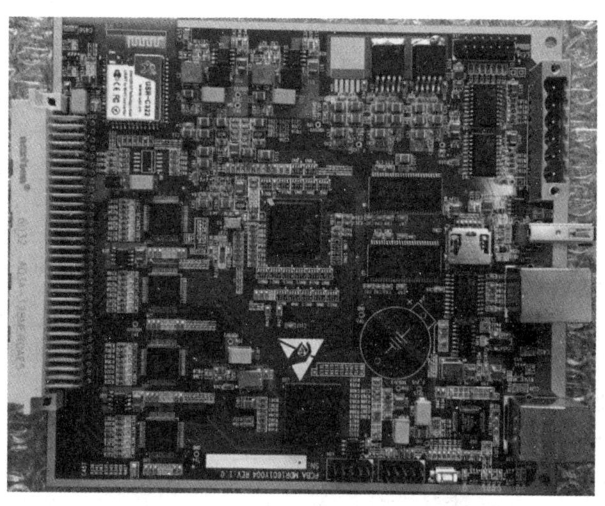

图 9-2　硬件电路板实物图

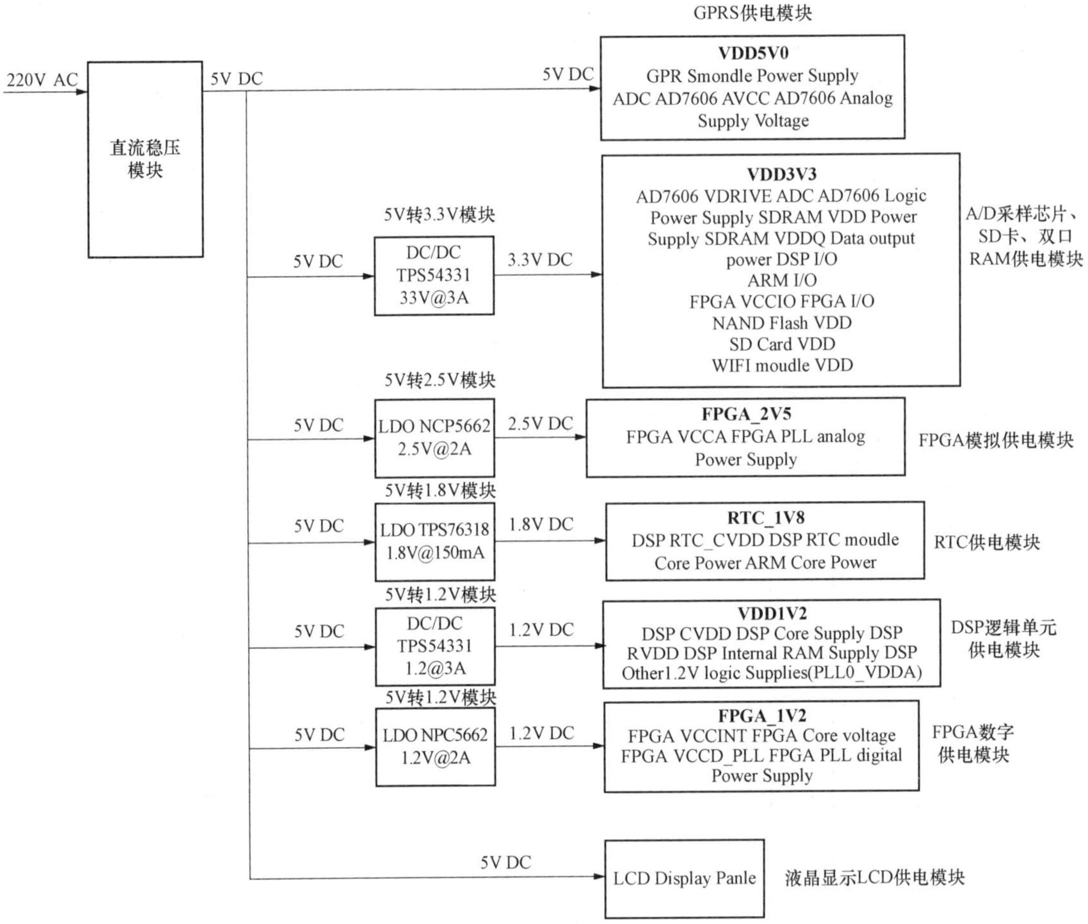

GPRS供电模块

220V AC

直流稳压模块

5V DC

5V DC

VDD5V0
GPR Smondle Power Supply
ADC AD7606 AVCC AD7606 Analog
Supply Voltage

5V转3.3V模块

5V DC

DC/DC
TPS54331
33V@3A

3.3V DC

VDD3V3
AD7606 VDRIVE ADC AD7606 Logic
Power Supply SDRAM VDD Power
Supply SDRAM VDDQ Data output
power DSP I/O
ARM I/O
FPGA VCCIO FPGA I/O
NAND Flash VDD
SD Card VDD
WIFI moudle VDD

A/D采样芯片、SD卡、双口RAM供电模块

5V转2.5V模块

5V DC

LDO NCP5662
2.5V@2A

2.5V DC

FPGA_2V5
FPGA VCCA FPGA PLL analog
Power Supply

FPGA模拟供电模块

5V转1.8V模块

5V DC

LDO TPS76318
1.8V@150mA

1.8V DC

RTC_1V8
DSP RTC_CVDD DSP RTC moudle
Core Power ARM Core Power

RTC供电模块

5V转1.2V模块

5V DC

DC/DC
TPS54331
1.2@3A

1.2V DC

VDD1V2
DSP CVDD DSP Core Supply DSP
RVDD DSP Internal RAM Supply DSP
Other1.2V logic Supplies(PLL0_VDDA)

DSP逻辑单元供电模块

5V转1.2V模块

5V DC

LDO NPC5662
1.2V@2A

1.2V DC

FPGA_1V2
FPGA VCCINT FPGA Core voltage
FPGA VCCD_PLL FPGA PLL digital
Power Supply

FPGA数字供电模块

5V DC

LCD Display Panle

液晶显示LCD供电模块

图 9-3　模块供电电压分支图

二、供电电源电路

（一）220V AC 转 5V DC

由 220V 的交流市电转 5V 的直流电，可采用的三端稳压集成电路有正电压输出的 LM78 系列。该系列的稳压芯片在形成稳压电路时需要很少的外围元件，电路内部还有过电流、过热保护电路，使用可靠、方便，而且价格便宜。本装置设计的是+5V 直流稳压电路，故采用型号为 LM7805 的芯片设计。

本装置设计的直流稳压电源框图如图 9-4 所示。

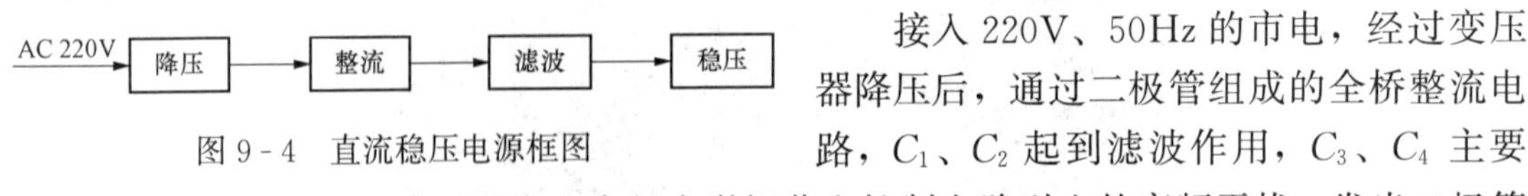

图 9-4　直流稳压电源框图

接入 220V、50Hz 的市电，经过变压器降压后，通过二极管组成的全桥整流电路，C_1、C_2 起到滤波作用，C_3、C_4 主要起到频率补偿作用，防止稳压器产生高频自激振荡和抑制电路引入的高频干扰，发光二极管起指示作用。直流稳压电路如图 9-5 所示。

（二）5V 转 3.3V、2.5V、1.2V

图 9-6 为 5V 转 3.3V 电路。经过 DC/DC 降压转换芯片，$U_{out}=0.8(1+R_{27}/R_{30})=(1+$

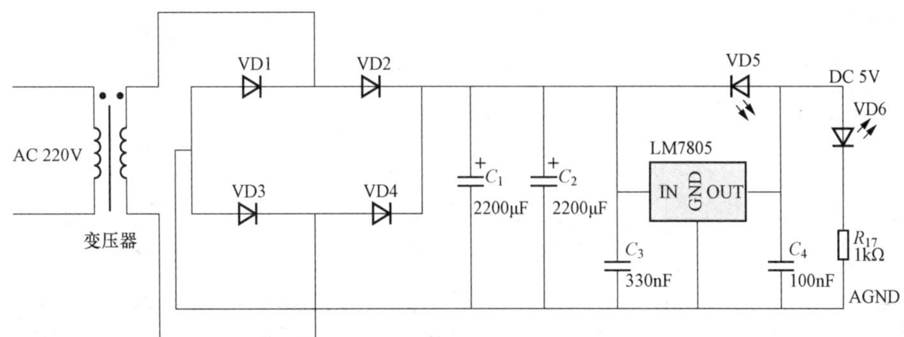

图 9-5　直流稳压电路

10/3.16)×0.8≈3.3(V)。该电路采用的 DC/DC 降压转换芯片型号为 TPS54331EVM-232，该芯片采用双列贴片八引脚封装，输入电压为 3.5～28V，输出电流达到 3A，输出电压低至 0.8V；输出电压范围宽、效率高；开关频率被内部设置为 570kHz 的额定频率；能够实现欠电压锁定输入及可调节软启动；输入电压的最大绝对值是 30V。

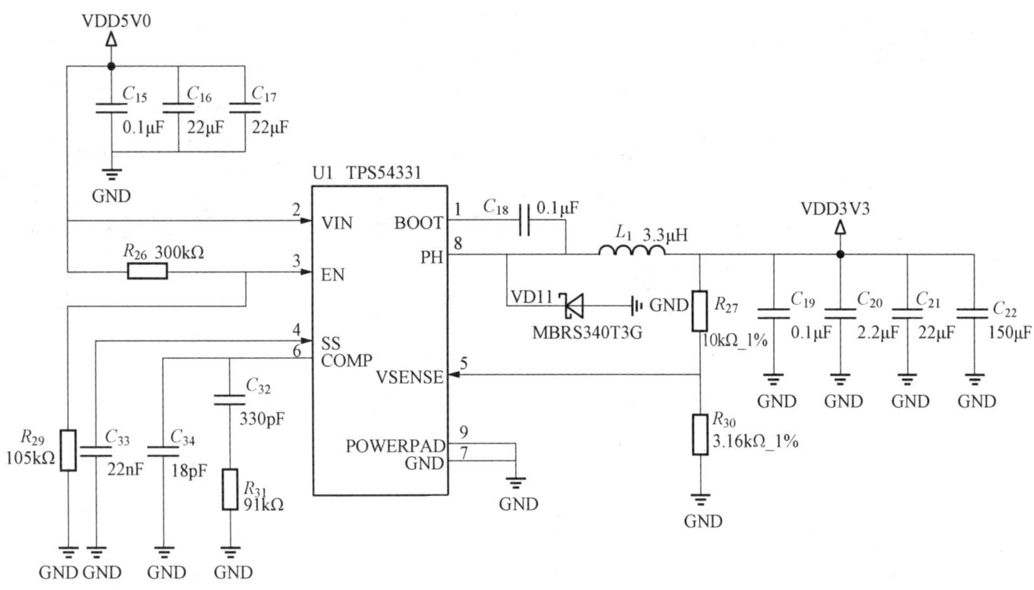

图 9-6　5V 转 3.3V 电路

图 9-7 为 5V 转 1.2V 电路。经过 DC/DC 降压转换芯片，$U_{out}=0.8(1+R_{36}/R_{39})=(1+10/19.6)\times0.8\approx1.2(V)$。该电路采用的 DC/DC 降压转换芯片型号同上。

FPGA 的内核电压及 PLL 数字模拟供电电压为 1.2V。图 9-8 为专门针对 FPGA 设计的供电电路。该电路采用 NCP5662DS12R4G 稳压器，该稳压器输入电压为 2.2～9V，输出电压为 1.2V，可工作在－40～＋85℃环境温度下，是一种表面贴装式器件。它具有响应快、噪声低、接地电流小、输出可调等优点。

FPGA 的 PLL 模拟供电电压为 2.5V，采用 NCP5662DS25R4G 稳压器，输出电压为 2.5V。详细电路如图 9-9 所示。

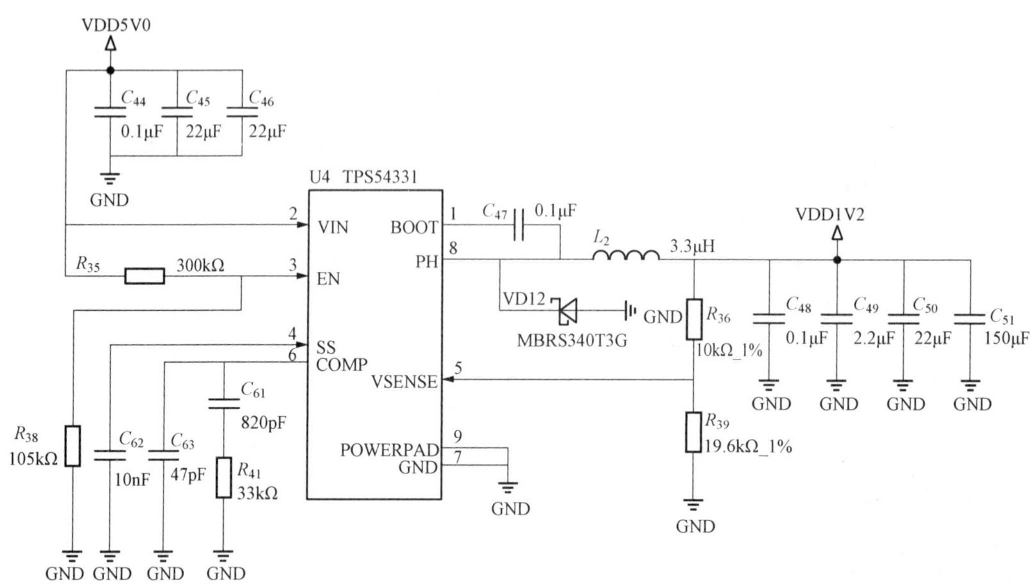

图 9-7　5V 转 1.2V 电路

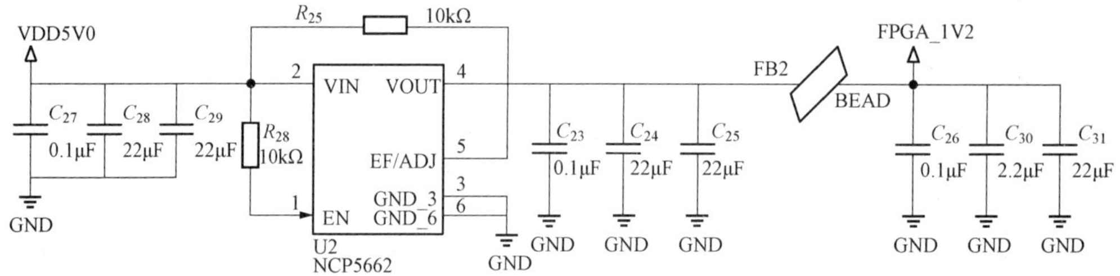

图 9-8　5V 转 1.2V 电路（FPGA）

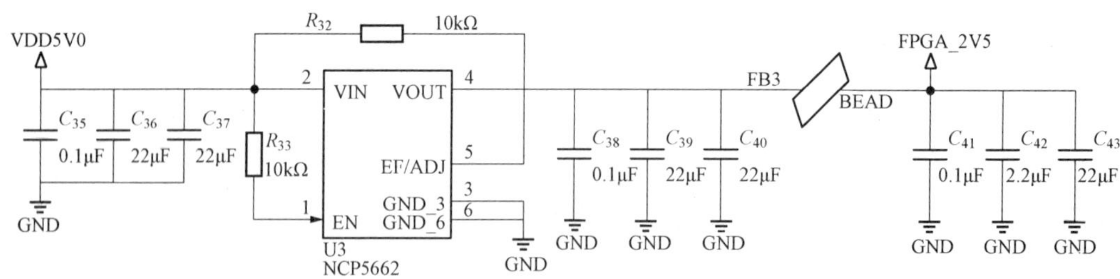

图 9-9　5V 转 2.5V 电路（FPGA）

三、信号采集及调理电路

（一）电压、电流互感器调理电路

因为监测装置采用的 A/D 转换芯片为 AD7606，其内部的信号调理电路中包含抗混叠抑制特性的滤波器，不再需要外部驱动和滤波电路。电压、电流互感器调理电路分别如图 9-10 和图 9-11 所示。

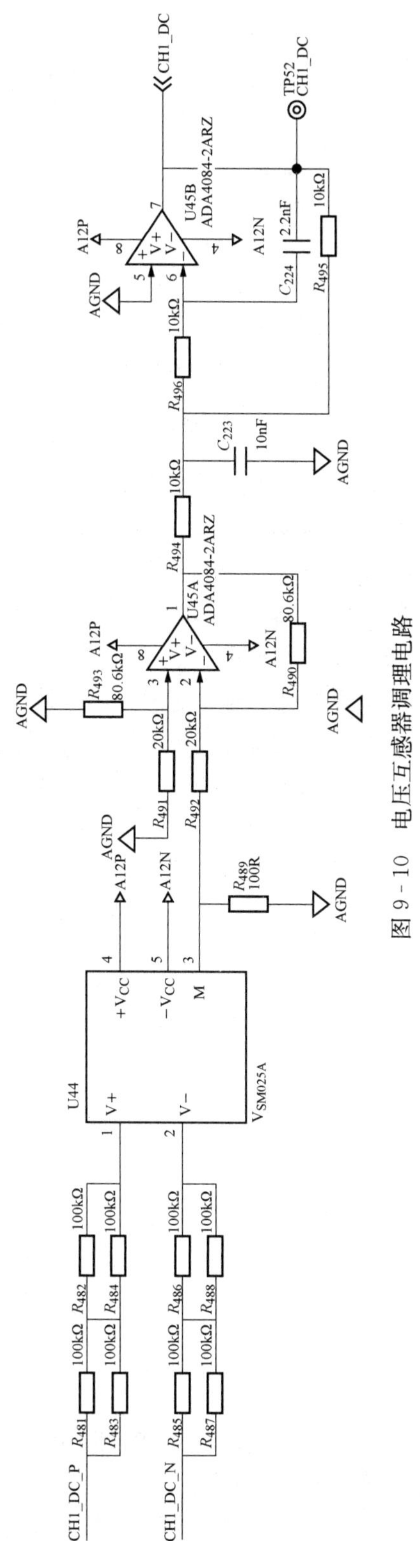

图 9-10　电压互感器调理电路

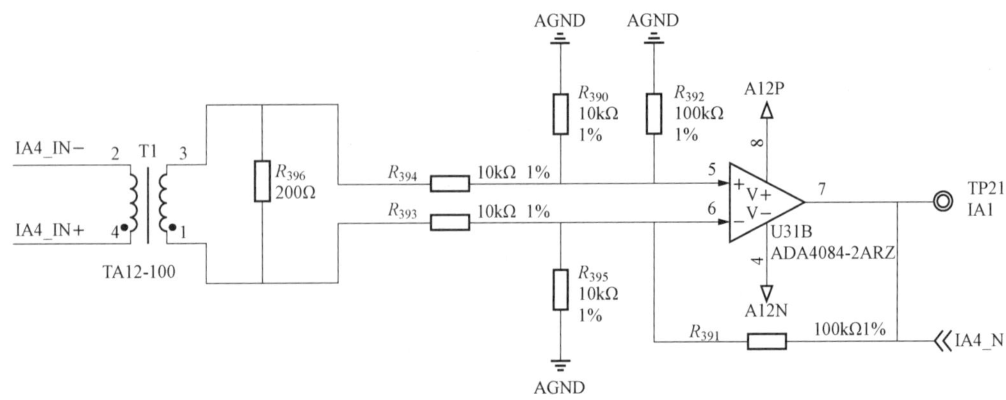

图 9-11 电流互感器调理电路

(二) 信号采集电路

信号采集电路主要包括过零检测电路、锁相倍频电路及 A/D 转换电路。其中过零检测电路检测电网频率，传输给 DSP 进行运算，得到电网频率；锁相倍频电路跟踪过零检测电路输出的频率，为 A/D 芯片提供采样频率；A/D 转换电路将采集到的数字信号传递给 DSP 进行处理。信号采集模块结构如图 9-12 所示。

(1) 过零电压比较电路。为了更方便地检测电网频率，选择硬件过零检测。硬件过零检测的原理是将电网电压信号传输到电压比较器芯片，型号为 LM339，经过光电隔离，电压比较器输出的方波信号传输给 DSP 进行计数，从而计算出电网频率。

过零电压比较电路如图 9-13 所示，根据比较器芯片 LM339 的特性，输入端信号由正到负实现过零时，电路输出高电平；由负到正时，经过零点，此时输出端为低电平，电网的正弦电压信号变为方波信号，且相位相同。

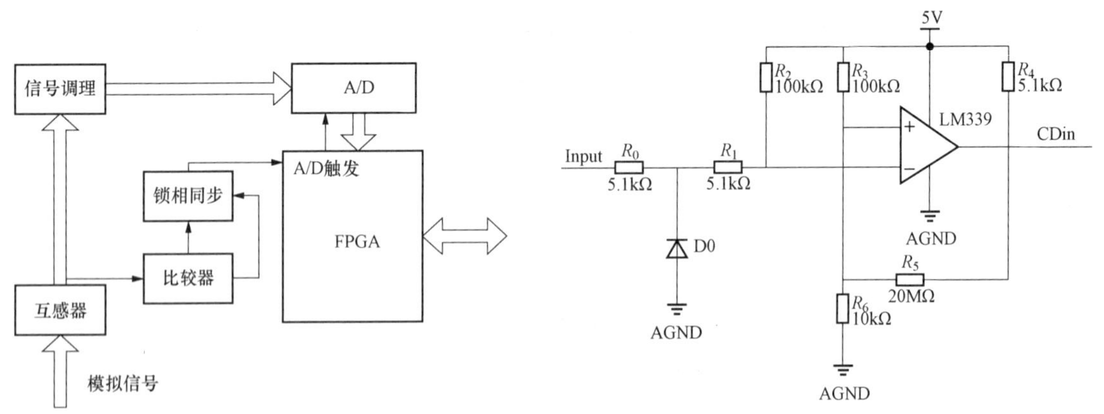

图 9-12 信号采集模块结构　　图 9-13 过零电压比较电路

(2) 锁相环同步脉冲电路。对电网频率进行采样时，由于电网的电压频率并不是固定值，因此采用锁相环同步技术实现快速的周期跟踪。

为了提高锁相倍频的精准性，本装置将 CMOS 集成锁相环芯片 CD4046 和计数器 CD4040 相结合。CD4046 的动态功耗低，输入阻抗高。通过过零电压比较电路，基波信号转换为方波信号，输出给后端的锁相环及分频电路，进行基于电网频率的同步倍频，得到的倍频信号作为 A/D 采样的周期控制信号。CD4046 锁相环电路可以确保采样频率 f_s 对工频频率 f 的在线跟踪，即满足 $f_s=Nf$，即 A/D 在一个工频周期里采集 512 个点（$N=512$），供 FFT 分析计算。图 9 - 14 为锁相环同步脉冲电路。

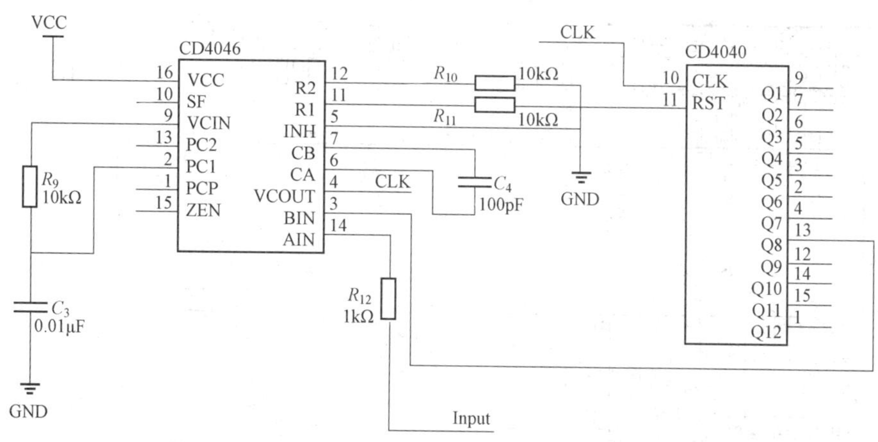

图 9 - 14　锁相环同步脉冲电路

四、AD7606 接口电路

本装置设计的 A/D 接口电路采用 4U4I 的方式进行采集，即可同时采集 4 路电压（U_A、U_B、U_C、U_N），4 路电流（I_A、I_B、I_C、I_O），共 8 路信号、32 组数据，使用 4 片 AD7606，每片 AD7606 采集 8 组数据，对应的印刷电路板（PCB）如图 9 - 15 所示。AD7606 的部分接口电路如图 9 - 16 所示。

图 9 - 15　A/D 转换模块 PCB

五、FPGA 芯片及接口电路设计

随着可编程器件的不断发展，FPGA（Field Programmable Gate Array，现场可编程门阵列）作为专用集成电路（Application Specific Integrated Current，ASIC）领域中的一种半定制电路，以硬件描述语言（Verilog 或 VHDL）完成电路设计。FPGA 的设计布局比较简单，可以进行方便快捷地程序下载，成为 IC 设计时的主流技术。

本装置所使用的 FPGA 芯片是来自 Cyclone（飓风）公司生产的第四代 Cyclone IV EP4CE22F256。其功耗低，成本低，容量较大，具有 22KB（字节存储容量）的逻辑单元、

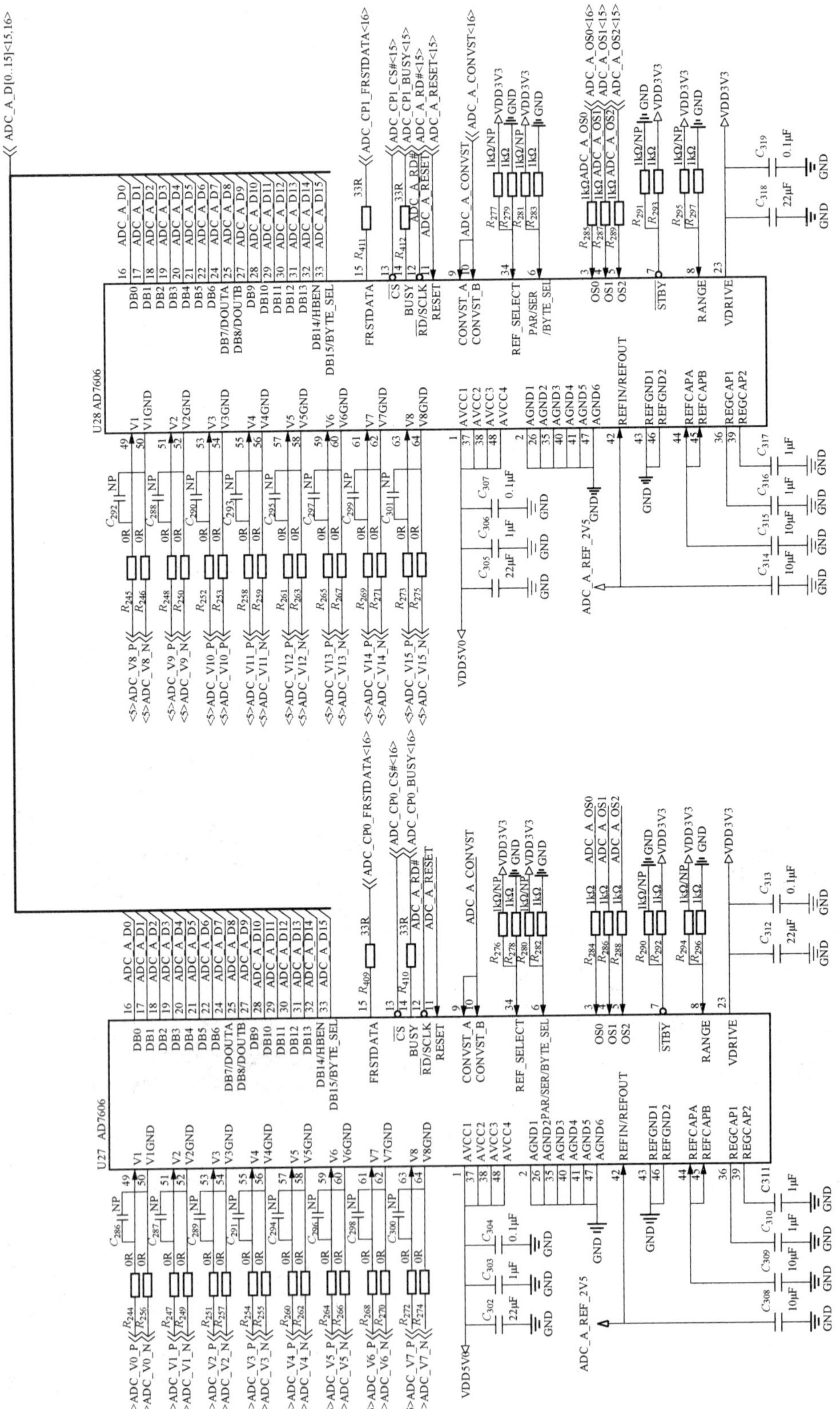

图 9-16 AD7606 部分接口电路

18×18 的嵌入式乘法器、256 个引脚、通用 PLL（锁相环）、专用外部存储器、高速 I/O 口，该系列提供了一整套的 DSP IP，其中包括有限脉冲响应（FIR，Finite Impulse Response）、FFT 和数字控制振荡器（NCO，Numerically Controlled Oscillator）功能，实现了一体化的 DSP 设计。

型号为 EP4CE22F256 的 FPGA 芯片主要包括处理器、调试/配置电路、系统复位电路、时钟电路、重新配置电路、系统电源电路、SDRAM、SRAM、Flash 等，其结构如图 9 - 17 所示。

FPGA 与 AD7606、TMS320C6747 连接结构如图 9 - 18 所示。

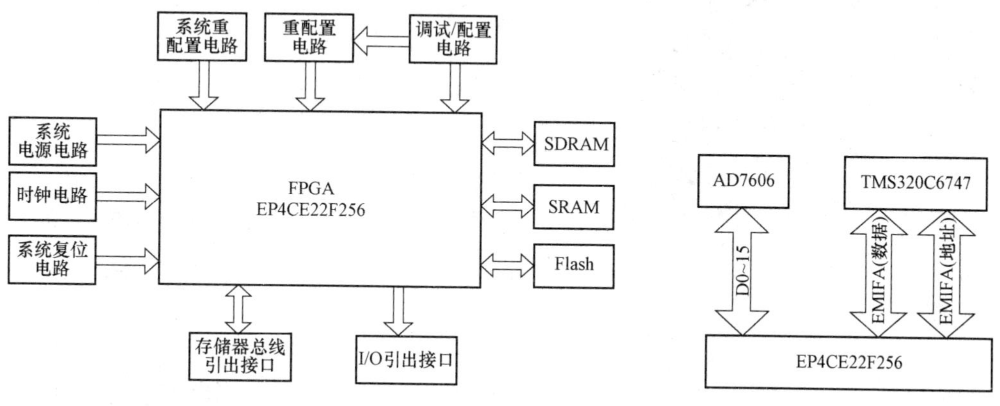

图 9 - 17　FPGA 芯片结构

图 9 - 18　FPGA 连接结构

FPGA 共分为八个 BANK（B1～B8），其中 B1&B2 的接口电路如图 9 - 19 所示。

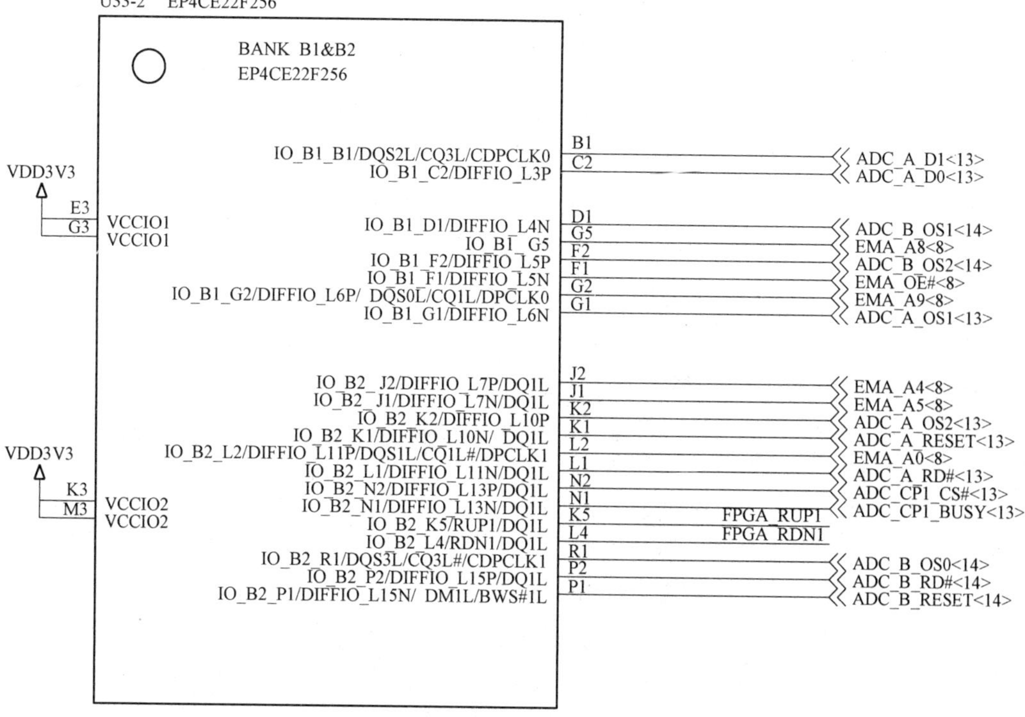

图 9 - 19　FPGA（B1&B2）的接口电路

六、DSP 主系统电路设计

（一）TMS320C6747 型 DSP 简介

TMS320C6747 型 DSP 具有定点和浮点功能，在典型使用情况下，总功耗仅为该系列 DSP 是便携式、在线式、嵌入式和手持式产品的最佳选择，应用于智能传感器、工业控制、条码扫码器、音频控制、便携式数据终端、音频会议、游戏和便携式医疗等领域，其 DSP 模块 PCB 图如图 9-20 所示。

图 9-20　DSP 模块 PCB 图

（二）DSP 最小系统设计

除了 DSP 芯片外，TMS320C6747 最小系统还包括时钟电路、复位电路、JTAG 接口及外部存储器扩展。

1. 时钟电路设计

TMS320C6747 芯片可以选择时钟信号源或外部无源晶振作为外部时钟信号，如图 9-21 所示。本装置采用无源晶振，电容为 12pF。

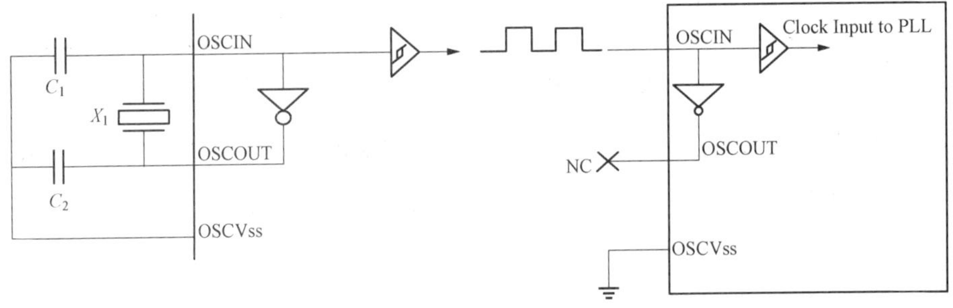

图 9-21　外部时钟信号模式

如图 9-22 所示为 PLL 电源滤波电路，TMS320C6747 芯片内集成的 PLL 硬件电路专门用于产生时钟信号，为保证硬件单元对时钟的要求并且输出稳定可靠的时钟，PLL 将原来可能不稳定的时钟结果锁定，将可靠的时钟信号提供给内部的各个硬件单元。

2. 复位电路设计

TMS320C6747 采用两片 TPS3808 组成复位电路。TPS3808 是 TI 公司为 DSP 系统设计的复位芯片。如图 9-23 所示为复位电路，当 SENSE 引脚的电压低于门限的电压时，又或者当 MR 有效时，RESET 开启。通过 CT 引脚可以设置复位延迟时间，如设置悬空时间为 20ms，则复位延迟时间为 300ms。除这种方法之外，还可以接接地电容，电容值选取的不同，

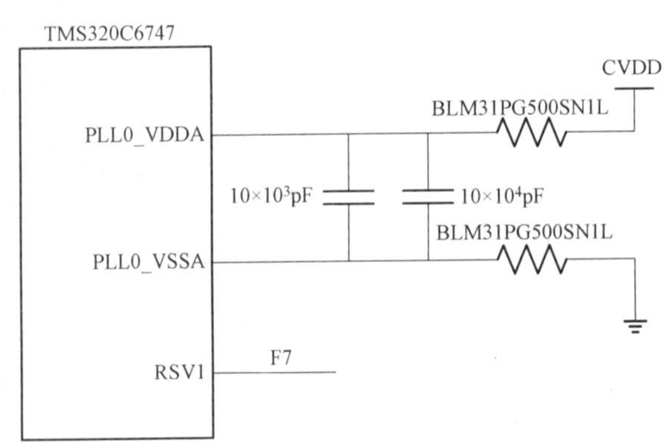

图 9-22　PLL 电源滤波电路

延迟时间也不同，时间在 1.25ms～10s 内变化。

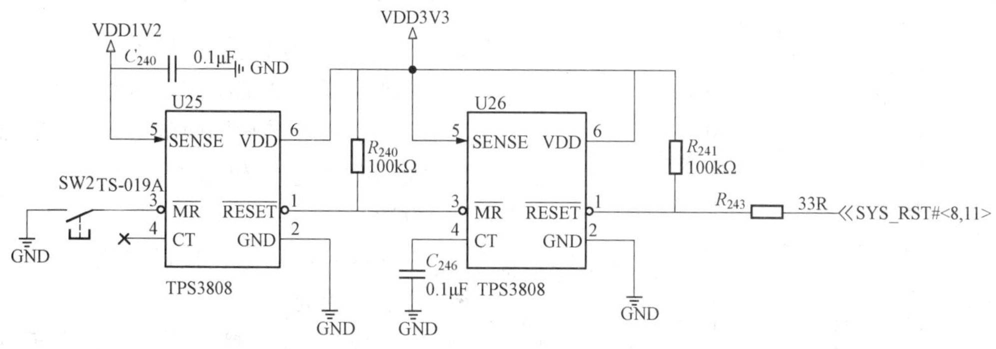

图 9-23　复位电路

具体电容值的计算公式见式（9-1）

$$C_T(nF)=[t_D(s)-0.5\times10^{-3}(s)]\times175 \tag{9-1}$$

TPS3808G12 和 TPS3808G33 的门限电压分别为 1.12V 和 3.07V，所以当 1.2V 或 3.3V 输入电压分别高于 1.12V 或 3.07V 时，DSP 芯片就会接收到 RESET 信号，从而保护电路。

3. JTAG 接口设计

JTAG 用于连接最小系统板和仿真器，其接口要满足边界扫描标准（IEEE 1149.1 标准）。IEEE 1149.1 标准的 JTAG 接口有三种引脚，分别为 14 引脚、20 引脚和 60 引脚，但最常用的是 14 引脚，如图 9-24 所示。

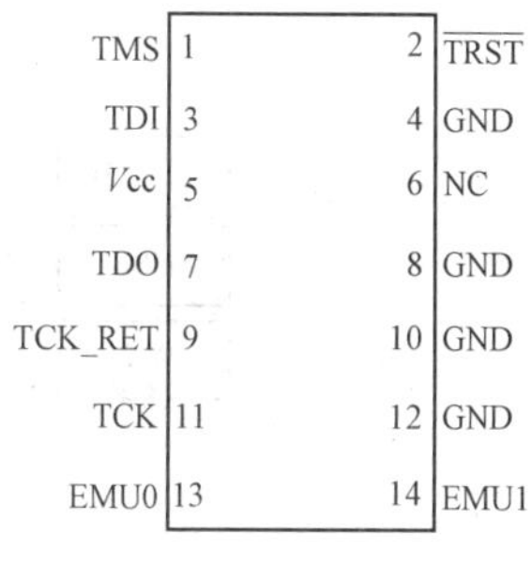

图 9-24　JTAG 接口
（14 引脚）

JTAG 接口引脚说明见表 9-1。

表 9-1　JTAG 接口引脚说明

信号	功能描述	引脚状态	信号	功能描述	引脚状态
TMS	检测模式选择	I	$\overline{\text{TRST}}$	检测复位	I
TDI	检测数据输入	I	EMU0	仿真引脚 0	I/O/Z
TDO	检测数据输出	O/Z	EMU1	仿真引脚 1	I/O/Z
TCK	检测时钟	I			

TMS320C6747 芯片与 JTAG 接口连接方式如图 9-25 所示。

七、人机交互设计

本装置选用型号为 STM32F103VCT6 的 ARM 处理器作为人机交互模块的核心处理器，负责系统各任务的调度，实现人机交换、参数设置保存、USB 接口、RS-232/485 接口、SD 卡接口等功能。该底板具有丰富的外部设备接口，依据本装置的功能要求，其硬件功能框图如图 9-26 所示。

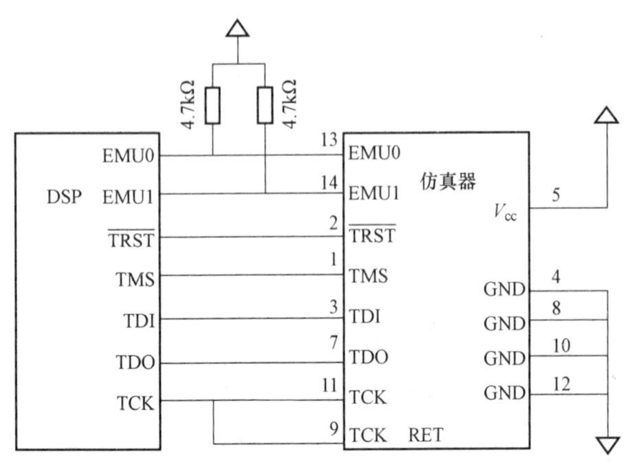

图 9-25　TMS320C6747 芯片与 JTAG 接口连接方式

由图 9-26 可知，ARM 外围接口包括以下几部分。

（1）显示模块：显示屏选择 7 寸串口液晶屏，分辨率高，低功耗。该模块实现了人机交互界面的显示功能，而且还可以通过按键进行系统的各项参数设置。

（2）USB 通信接口模块：实现与外部设备的通信。

（3）SD 卡接口模块：此接口外接 SD 卡，可以存储大量电能质量数据供工作人员进行数据分析。

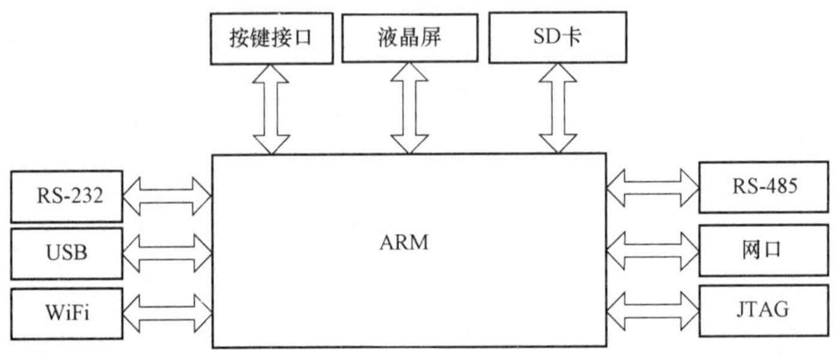

图 9-26　ARM 模块硬件功能框图

（4）RS-232 串口模块：此串口实现了开发板与 PC 机短程之间的通信。

（5）RS-485 接口模块：此接口实现了 ARM 与 PC 机之间的远程通信，操作人员远程就可以了解电能质量各项指标。

（6）WiFi 模块：便于将相关的电能质量数据传送到移动设备上。

（7）JTAG 接口模块：主要用于硬件功能的调试。

（8）SD 卡：存储各项电能质量指标参数数据。

（一）STM32F103VCT6 型 ARM 简介

STM32F103VCT6 是意法半导体公司基于 ARMCortex-M3 架构内核的 32 位处理器产品，内置 64KB 的 Flash、20KB 的 RAM、12 位 A/D、4 个 16 位定时器和 3 路 USART 通信口等多种资源。其具体功能特点如下。

（1）内核：最高 72MHz 工作频率，单周期乘法和硬件除法。

（2）存储器：64KB 或 128KB 的闪存程序存储器，SRAM 容量高达 20KB。

（3）时钟、复位和电源管理：2.0～3.6V 供电和 I/O 引脚供电，4～16MHz 的晶体振荡器，内嵌带校准的 40kHz 的 *RC* 振荡器。

（4）DMA：7 通道 DMA 控制器，支持定时器、ADC、SPI、I^2C 和 USART。

（5）80 个快速 I/O 端口，7 个定时器，9 个通信接口。

（6）低功耗。

STM32F103VCT6 引脚如图 9 - 27 所示。

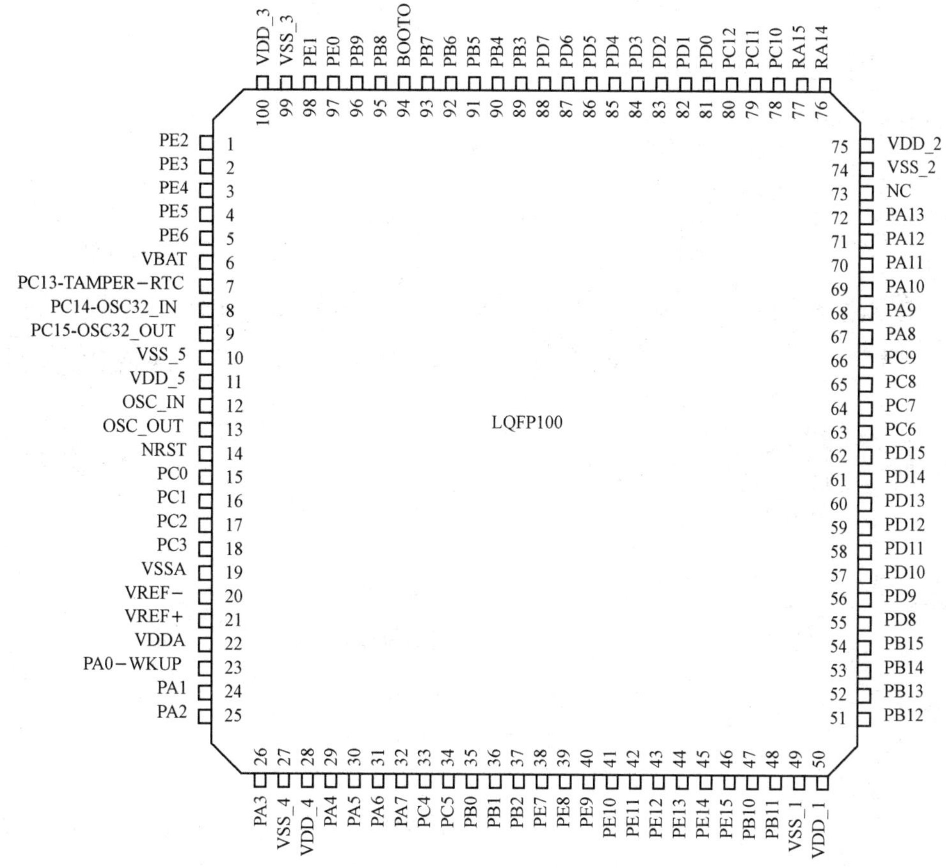

图 9 - 27　STM32F103VCT6 引脚

ARM 的外围接口电路如图 9 - 28 所示。

（二）按键接口

按键是设备不可或缺的一部分，通过按键实现输入功能。本装置设计的按键为七个独立按键，每个按键都有各自的功能。

（1）KEY1 方向键，用于向上移动光标。

（2）KEY2 方向键，用于向下移动光标。

（3）KEY3 方向键，用于向右移动光标。

（4）KEY4 方向键，用于向左移动光标。

（5）KEY5 用于确认各项操作。

（6）KEY6 取消键，用于放弃当前操作，或退出正在显示的内容。

（7）KEY7 信号复归键，用于信号复归。

按键接口电路如图 9 - 29 所示，将按键分别接入 ARM 的七个 GPIO 引脚，ARM 读取这七个引脚的电平来判断识别是否有按键按下，按键低电平有效，并基于当前程序的状态决定所需执行的按键服务子程序。

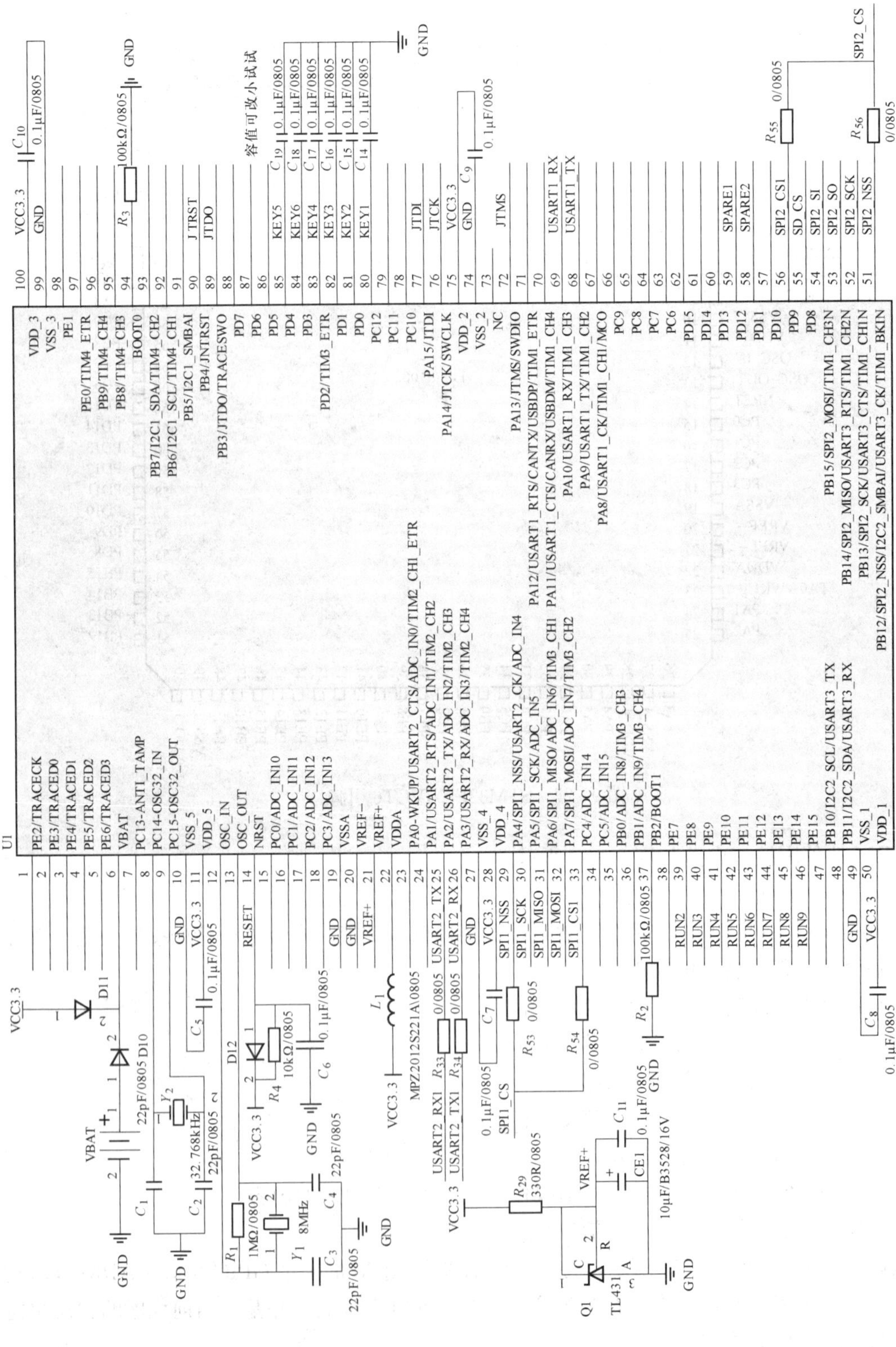

图 9-28　ARM 的外围接口电路

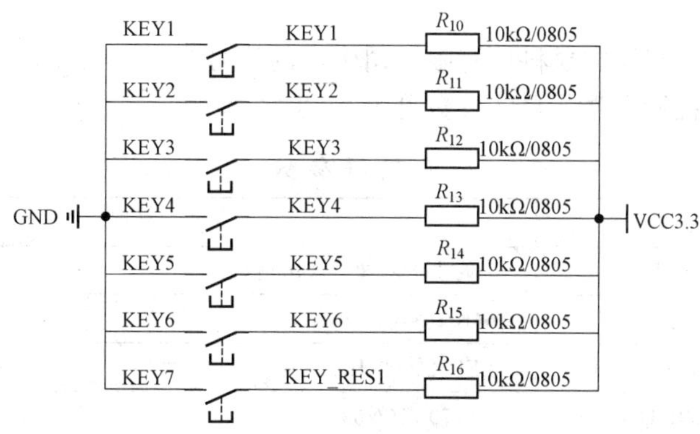

图 9-29 按键接口电路

(三）指示灯

面板配有多个显示灯，具体含义见表 9-2。

表 9-2 面板指示灯含义说明

名称	颜色	指示灯含义
运行	绿	装置上电起动过程中闪烁，正常运行时常亮
谐波	红	谐波电压、电流越限时亮
闪变	红	电压闪变越限时亮
电压	红	电压偏差越限时亮
频率	红	频率偏差越限时亮
不平衡	红	三相电压、电流不平衡度越限时亮
备用	红	备用，可灵活定义
告警	红	装置本身运行异常时亮

指示灯电路如图 9-30 所示。

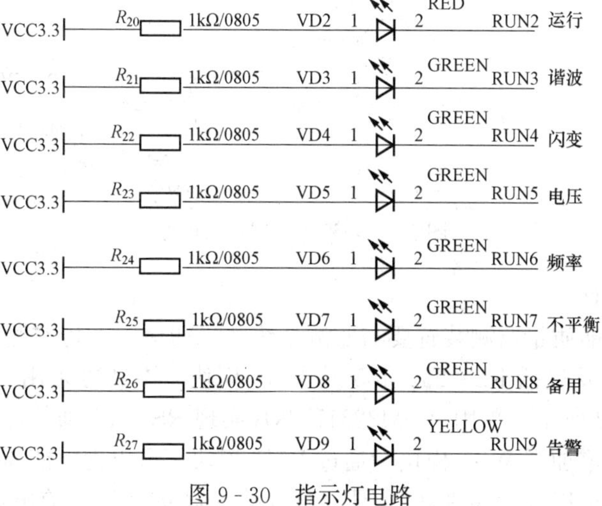

图 9-30 指示灯电路

（四）液晶屏显示

本装置显示屏采用武汉中显科技有限公司生产的型号为 SDWe070C06T 的 7 寸串口液晶屏，其功耗小，抗干扰能力强，具体参数见表 9-3。

表 9-3　　液晶屏参数

序号	参数	数据
1	尺寸/分辨率	7 英寸/800 像素×480 像素
2	显示色彩	64K 真彩色
3	背光类型/寿命/亮度	LED/20000Hrs/280cd/m^2
4	可视角度 L/R/U/D	70°/70°/50°/60°
5	工作温度/存储温度	−20～+60℃/ −30～+70℃
6	串口波特率	1200bit/s（最小值）、115200bit/s（最大值）
7	串口电平	标准 TTL/CMOS
8	数据格式	1 个起始位 8 个数据位，无校验位，1 个停止位
9	供电电压 U_{IN}	3.2～6V

液晶屏接口电路如图 9-31 所示。

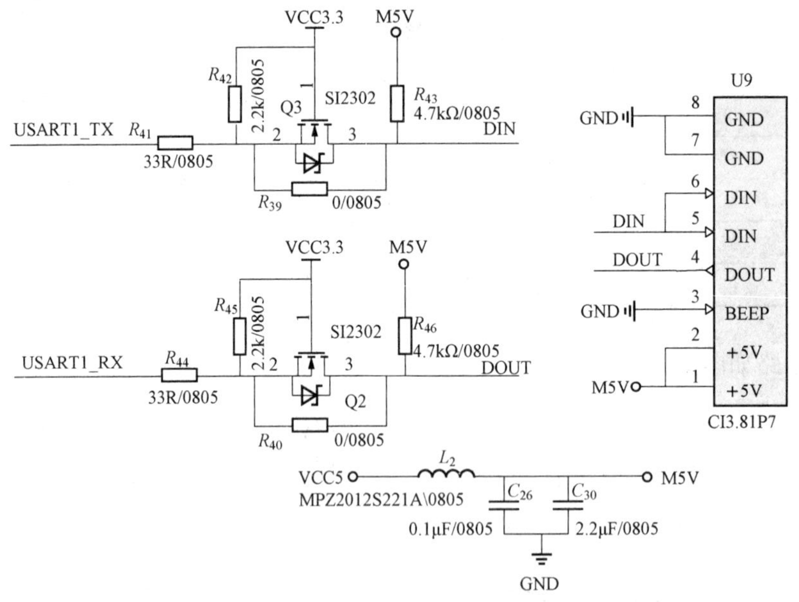

图 9-31　液晶屏屏接口电路

八、通信模块设计

本装置设计的电能质量监测装置要与监测系统主机通信，上传监测数据和接受系统主机的控制。通信部分主要包括 RS-232/485 及 WiFi 模块。本装置采用 ADM2582E 芯片实现 485 通信，如图 9-32 所示；采用 ADM3251E 芯片实现 RS-232 通信，如图 9-33 所示。

本在线监测装置增加了 WiFi 模块。通过 WiFi 模块，可以把电能质量数据实时传输到移动设备上，工作人员可以在一定距离范围内通过移动设备查看当前电网的电能质量。WiFi

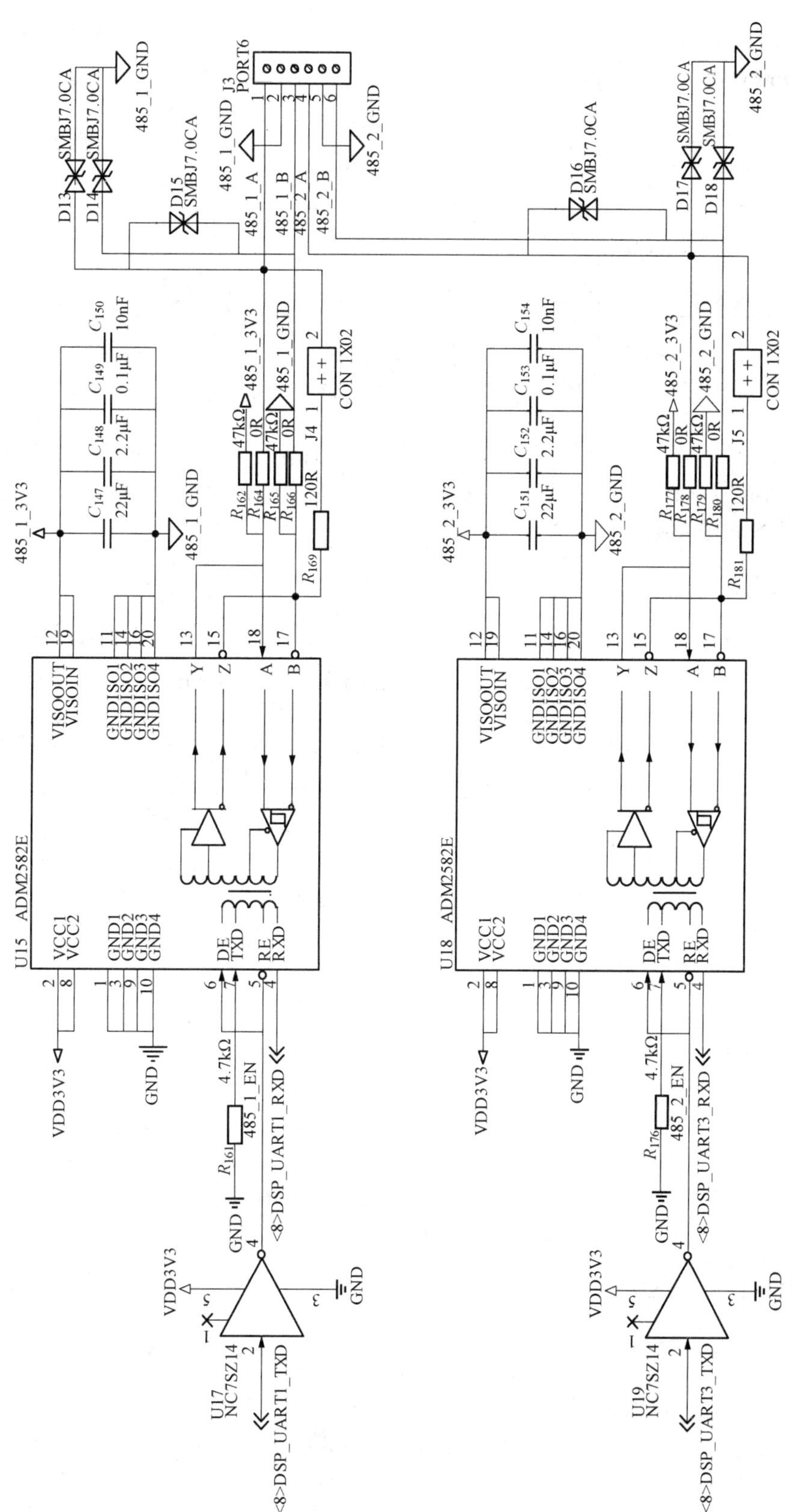

图 9 - 32 RS - 485 通信电路

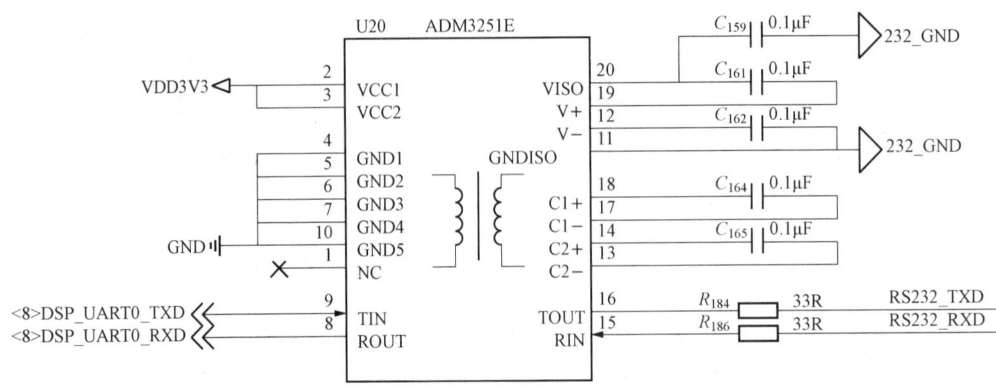

图 9-33　RS-232 通信电路

模块采用的芯片型号为 USR-C322，该芯片体积小，功耗低，主频为 80MHz，支持众多网络协议，频率范围为 2.412～2.484GHz，灵敏度高，传输距离内置最大 180m，外置最大 310m。WiFi 模块接口电路如图 9-34 所示。

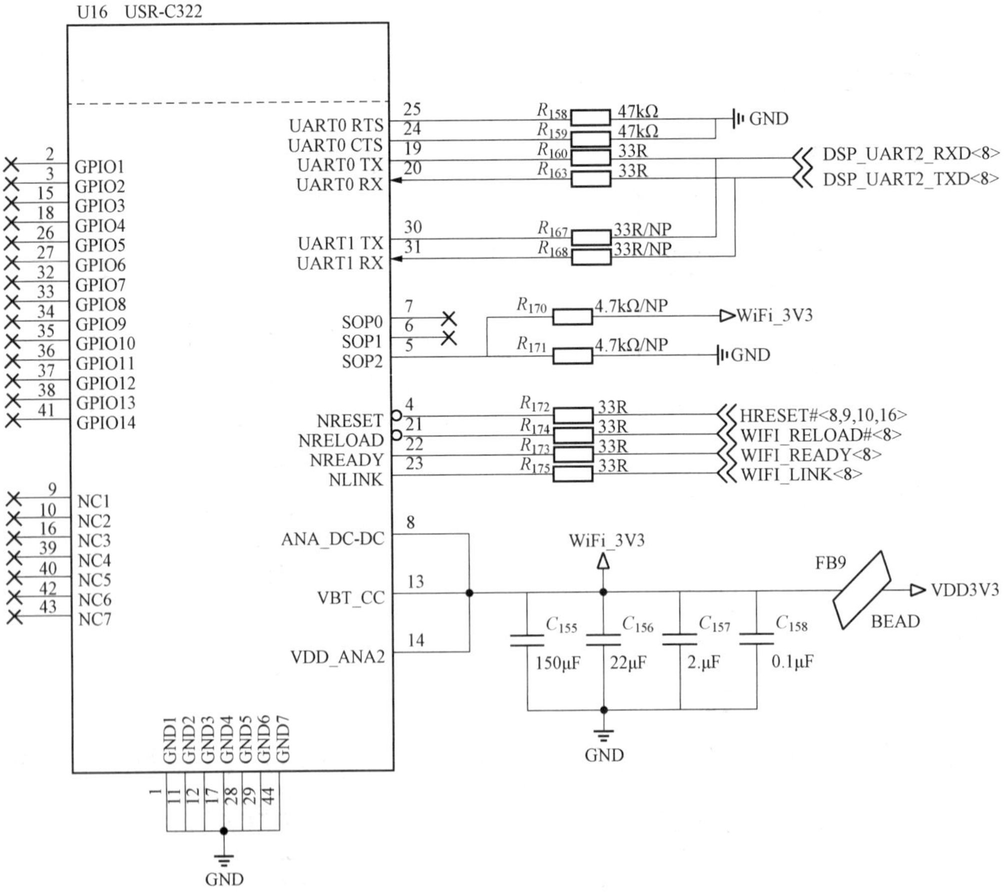

图 9-34　WiFi 模块接口电路

第十章　电能质量监测装置的核心算法及软件设计

第一节　傅里叶变换

一、离散傅里叶变换

设 $x(t)$ 是时域上一个连续的周期信号，包含无限多个复正弦，且第 k 个复正弦的频率是基波频率 ω_0（角频率 $\omega_0=2\pi f_0$）的 k 倍，其中 k 为整数，且 $k\in(-\infty,+\infty)$。可知 $x(t)$ 的周期为 $T=2\pi/\omega_0$，则 $x(t)$ 可记为

$$x(t)=\sum_{k=-\infty}^{+\infty}X(k\omega_0)\mathrm{e}^{\mathrm{j}k\omega_0 t} \tag{10-1}$$

式中，$X(k\omega_0)$ 为第 k 个复正弦的幅值，其值是有限的，也称傅里叶级数，即

$$X(k\omega_0)=\frac{1}{T}\int_{-T/2}^{T/2}x(t)\mathrm{e}^{-\mathrm{j}k\omega_0 t}\mathrm{d}t \tag{10-2}$$

由式（10-2）可知，计算傅里叶级数时其积分的上、下限必须满足整周期的条件。对于一个非周期信号，可将其看作周期趋于无穷大的周期信号，则信号的基波频率可看作无穷小。因此，将信号的傅里叶级数分解区间由一个周期扩展到 $-\infty\sim+\infty$，即 $x(t)$ 的傅里叶变换为

$$X(\mathrm{j}\omega)=\int_{-\infty}^{+\infty}x(t)\mathrm{e}^{-\mathrm{j}\omega t}\mathrm{d}t \tag{10-3}$$

其反变换为

$$x(t)=\frac{1}{2\pi}\int_{-\infty}^{+\infty}X(\mathrm{j}\omega)\mathrm{e}^{\mathrm{j}\omega t}\mathrm{d}t \tag{10-4}$$

由傅里叶变换的定义可见，$X(\mathrm{j}\omega)$ 是 ω 的连续函数，称为信号 $x(t)$ 的频谱密度函数。时域信号被采样、截断后成为点序列，此时信号的周期可看作截断后时域长度，其中 Δt 为采样时间间隔。对 $X(\mathrm{j}\omega)$ 进行 N 点抽样，相邻抽样点之间的时间间隔为

$$\Delta f=\frac{f_s}{N}=\frac{1}{T} \tag{10-5}$$

式中：Δf 为相邻点之间的时间间隔，也称频率分辨率；f_s 为采样频率，且 $f_s=1/\Delta t$。

综上所述，对傅里叶变换进行时域和频域的离散化，即将 $t=n\Delta t$ 和 $\omega=2k\pi\Delta f$ 分别代入式（10-3）和式（10-4），变积分为求和，就可得到离散傅里叶变换（DFT）及其反变换，分别为

$$x(n)=\frac{1}{N}\sum_{n=0}^{N-1}X(k)\mathrm{e}^{\mathrm{j}\frac{2\pi}{N}nk},\ n=0、1、\cdots、N-1 \tag{10-6}$$

$$X(k)=\sum_{n=0}^{N-1}X(n)\mathrm{e}^{-\mathrm{j}\frac{2\pi}{N}nk},\ k=0、1、\cdots、N-1 \tag{10-7}$$

由式（10-7）可知，当 $k=1$ 时计算 $X(k)$，需要进行 N 次复数乘法运算；当 $k=N$ 时计算 $X(k)$，需要进行 N^2 次复数乘法运算。因此，当 N 很大时，需要进行很多次的复数乘法运算，运算量相当大。例如，$N=1024$ 时，需要进行 1048576 次运算，时间上难以保证运算的实时性。这是 DFT 的缺点。在这方面，FFT 比 DFT 具有较大的优越性。

定义复指数函数为 $W_N=\mathrm{e}^{-\mathrm{j}2\pi/N}$，也称旋转因子，可以看出 W_N 具有周期性

$$W_N^{(k+N)n}=W_N^{kn}=W_N^{(n+N)k} \tag{10-8}$$

其对称性表示为

$$W_N^{(k+N/2)}=-W_N^k \tag{10-9}$$

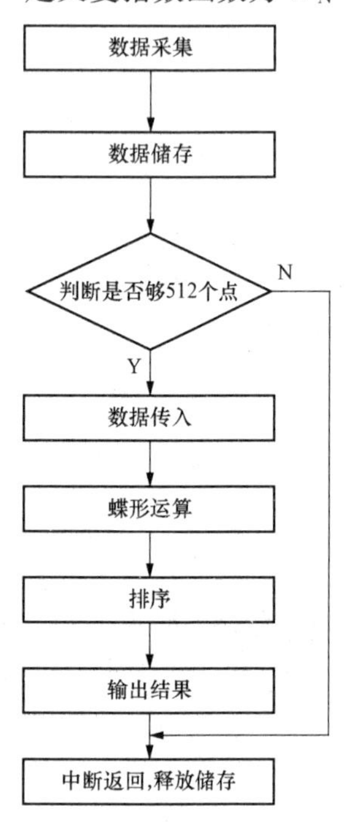

图 10-1 原位运算设计流程图

二、快速傅里叶变换

快速傅里叶变换（FFT）的算法可以采用原位运算或例序计算。

（1）原位运算。在 FFT 运算中，前级运算结果决定后级运算结果，也就是说，当数据输入存储器之后，每级运算结果所占据位置保持不变，没有必要实时地存储中间结果，这样可以大大节省硬件的存储空间，其设计流程图如图 10-1 所示。

（2）倒序计算。若数据按照自然顺序存储到存储单元，通过变址运算就可以得到倒序的排列。

图 10-2 为八点序列的 FFT 计算时变址过程，如图 10-2 所示，将自然序号用三位二进制表示，如输入 $k=k_2k_1k_0$，其倒序 $\overline{k}=k_2k_1k_0$。若 $k=\overline{k}$，数据不必对换；若 $k\neq\overline{k}$，则将 $x[k]$ 单元和 $x[\overline{k}]$ 单元对换即可。

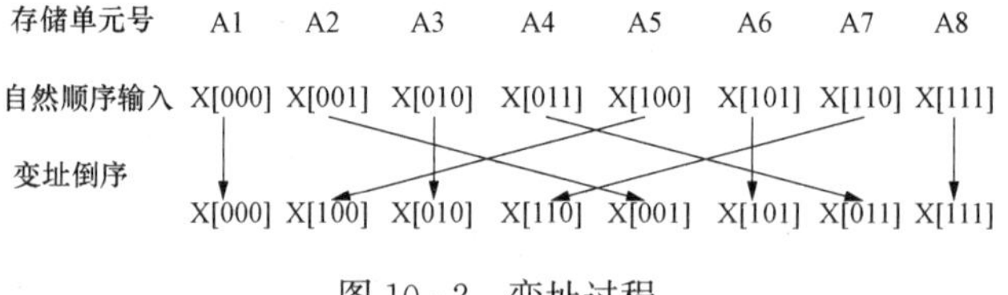

图 10-2 变址过程

第二节 电量参数测量算法

一、基本电量参数算法

电量基本测量参数主要有电压有效值 U_{RMS}、电流有效值 I_{RMS}、有功功率 P、无功功率 Q、视在功率 S、功率因数 $\cos\varphi$。

将采集到的某相电压和电流信号应用 FFT 算法，通过一系列的计算就可以得到 U_{RMS}、I_{RMS}、P、Q、S、$\cos\varphi$ 及各次谐波的信息，具体计算过程如图 10-3 所示。

基本电量参数计算过程是将电压、电流信号由模拟量经 A/D 转换为数字量，经 FFT 计算后，按照基本电量的计算公式得到各个基本指标。

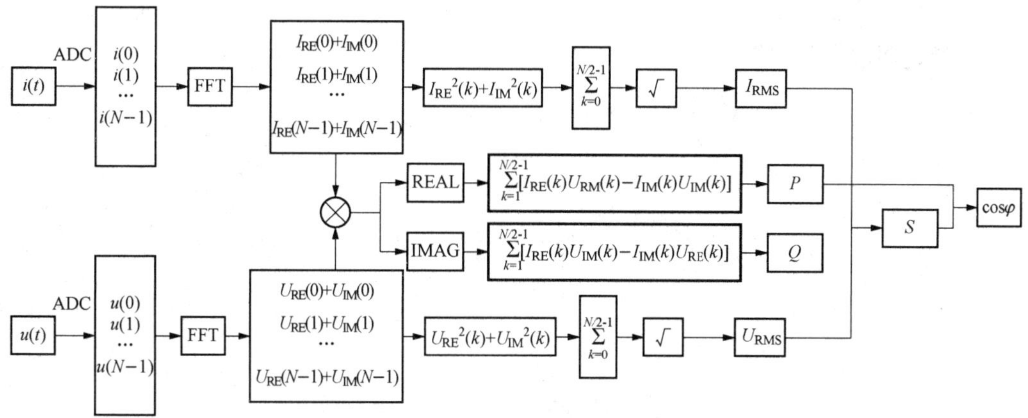

图 10-3 基本电量参数计算过程

电压、电流有效值，有功功率的计算式如式（10-10）～式（10-12）所示。

$$U_{RMS}=\sqrt{\frac{1}{T}\int_{0}^{T}u^{2}(t)\mathrm{d}t} \tag{10-10}$$

$$I_{RMS}=\sqrt{\frac{1}{T}\int_{0}^{T}i^{2}(t)\mathrm{d}t} \tag{10-11}$$

$$P=\frac{1}{T}\int_{0}^{T}u(t)i(t)\mathrm{d}t \tag{10-12}$$

式（10-10）～式（10-12）离散后得到

$$U_{RMS}=\sqrt{\frac{1}{N}\sum_{n=1}^{N}u^{2}(n)} \tag{10-13}$$

$$I_{RMS}=\sqrt{\frac{1}{N}\sum_{n=1}^{N}i^{2}(n)} \tag{10-14}$$

$$P=\frac{1}{N}\sum_{n=1}^{N}u(n)i(n) \tag{10-15}$$

三相有功功率、视在功率和功率因数的计算式如式（10-16）～式（10-18）所示。

$$P=\frac{1}{N}\left[\sum_{n=1}^{N}u_{a}(n)i_{a}(n)+\sum_{n=1}^{N}u_{b}(n)i_{b}(n)+\sum_{n=1}^{N}u_{c}(n)i_{c}(n)\right] \tag{10-16}$$

$$S=U_{ARMS}I_{ARMS}+U_{BRMS}I_{BRMS}+U_{CRMS}I_{CRMS} \tag{10-17}$$

$$Q=\sqrt{S^{2}-P^{2}} \tag{10-18}$$

二、频谱泄漏算法改进

应用快速傅里叶变换算法，当采样频率和信号频率不同步时，各信号频谱之间会相互影响，使测量结果产生误差。频谱泄漏会导致电量参数测量结果不准确，为此，可以采用自适应同步抽样算法减少泄漏，实施频率跟踪是减少频谱泄漏行之有效的方法，即要求抽样频率 $f_s=Nf$。

假设 $x(t)=\sin(2\pi ft+\theta_0)$，$f$ 在工频 $f=50\text{Hz}$ 附近变化，频率偏差 $\Delta f=f-f_0$，频率

跟踪的关键是计算 Δf。下面推导 Δf 的计算过程。

抽样序列的傅里叶变换为

$$X(\mathrm{j}f)=\sum_{n=0}^{N-1}x(nT_{\mathrm{s}})\mathrm{e}^{-\mathrm{j}2\pi fT_{\mathrm{s}}n}=R_{\mathrm{e}}+\mathrm{j}I_{\mathrm{e}} \tag{10-19}$$

其中，实部为

$$R_{\mathrm{e}}=\sum_{n=0}^{N-1}x(nT_{\mathrm{s}})\cos(2\pi fnT_{\mathrm{s}})$$

虚部为

$$I_{\mathrm{e}}=\sum_{n=0}^{N-1}x(nT_{\mathrm{s}})\sin(2\pi fnT_{\mathrm{s}}) \tag{10-20}$$

相位特性为

$$\theta=\begin{cases}\arctan(I_{\mathrm{e}}/R_{\mathrm{e}}),R_{\mathrm{e}}>0\\ \arctan(I_{\mathrm{e}}/R_{\mathrm{e}})-\pi,R_{\mathrm{e}}<0,I_{\mathrm{e}}<0\\ \arctan(I_{\mathrm{e}}/R_{\mathrm{e}})+\pi,R_{\mathrm{e}}<0,I_{\mathrm{e}}>0\\ \pi/2,R_{\mathrm{e}}=0,I_{\mathrm{e}}>0\\ -\pi/2,R_{\mathrm{e}}=0,I_{\mathrm{e}}<0\end{cases} \tag{10-21}$$

相邻两个周期对应序列的相位差 $\Delta\theta=\theta_i-\theta_{i-1}$，将其转换为频率的变化，即

$$\Delta f=\begin{cases}\dfrac{\Delta\theta}{2\pi T_{\mathrm{s}}},|\Delta\theta|<\pi\\ \dfrac{\Delta\theta+2\pi}{2\pi T_{\mathrm{s}}},\Delta\theta<-\pi\\ \dfrac{\Delta\theta-2\pi}{2\pi T_{\mathrm{s}}},\Delta\theta>\pi\end{cases} \tag{10-22}$$

信号实时跟踪频率为

$$f=f_0+\Delta f \tag{10-23}$$

只要采样频率和信号频率同步就可以减少频谱泄漏，即采样频率为

$$f_{\mathrm{s}}=Nf=N(f_0+\Delta f) \tag{10-24}$$

此时把调整后的频率作为采样频率，再进行 FFT 和频谱分析，可以有效减少频谱泄漏。算法流程如图 10-4 所示。

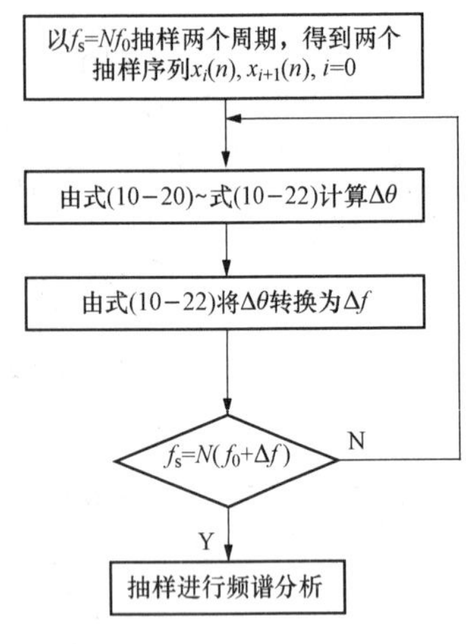

图 10-4　频谱泄漏算法流程

第四篇　应　用　技　术

第十一章　分布式能源多功能并网逆变器

第一节　概述

分布式电源接入电网的主要方式是通过分布式能源，但是分布式能源因为负荷的非线性、不平衡及无功功率等特点，会影响分布式能源的电能质量。公共连接点（Point of Common Coupling，PCC）的电能质量将影响整个电网的经济效益和稳定运行。当 PCC 点处出现较大的谐波畸变时，将使并网逆变器的并网电流含有较大的谐波分量，从而导致其不稳定运行。

近年来，静止无功发生器（Static Var Generator，SVG）、动态电压调节器（Dynamic Voltage Regulators，DVR）、有源滤波器（Active Power Filter，APF）等有源电能质量治理装置，因其控制方式灵活、功能多样而获得了广泛的应用。但是，在分布式能源中额外增加电能质量治理装置，会使投资成本和运行维护费用提高。对比并网逆变器的拓扑结构与电能质量治理装置，发现它们主电路拓扑相似，此时，采用合理的控制策略，则使并网逆变器在并网发电的同时，实现电能质量治理。

另外，新能源往往有随机性和间歇性的特点，并且光伏电池、风力发电机等设备一般不会处于满额工作状态。因此，并网逆变器一般会留有一定的功率裕量，如果能充分利用这些功率裕量来补偿电能质量，那么就可以充分利用并网逆变器，降低分布式能源电能质量治理装置的投资和运行成本。研究并网逆变器并网发电和电能质量治理对全网电能质量治理具有非常重要的现实意义。

第二节　三相两电平并网逆变器

一、三相两电平并网逆变器数学模型

如图 11 - 1 所示为并网逆变器拓扑结构图。其中，并网逆变器的直流侧一般为分布式电源经过处理后的直流；直流变交流是由三相全桥式逆变器并联组成。滤波部分采用了 LCL 三阶滤波器，以提高系统的动态性能，并改善系统的高次谐波。DSP 控制器通过从并网点检测出补偿电流，包括谐波、无功、不平衡电流，与逆变器并网跟踪电流，同时，传输到 DSP 控制器，经过运算产生触发脉冲，实现对逆变器的并网控制。

假设图 11 - 1 所示的三相系统参数一致，则电流的动态方程为

$$
\begin{cases}
L_1\dot{i}_{1a}=\left(s_a-\frac{1}{3}\sum\limits_{k=a,b,c}S_k\right)U_{dc}-u_{ca}-R(i_{1a}-i_{2a})\\
L_1\dot{i}_{1b}=\left(s_b-\frac{1}{3}\sum\limits_{k=a,b,c}S_k\right)U_{dc}-u_{cb}-R(i_{1b}-i_{2b})\\
L_1\dot{i}_{1c}=\left(s_c-\frac{1}{3}\sum\limits_{k=a,b,c}S_k\right)U_{dc}-u_{cc}-R(i_{1c}-i_{2c})
\end{cases}
\tag{11-1}
$$

式中：符号“·”为微分运算 d/dt；u_{ca}、u_{cb}、u_{cc} 为滤波电容上的电压；i_{2a}、i_{2b}、i_{2c} 为电感 L_2 上的电流；$s_k(k=a, b, c)$ 为功率器件的开关情况，$s_k=1$ 表示 k 相桥臂上桥臂导通、下桥臂关断，$s_k=0$ 表示下桥臂导通，上桥臂关断。

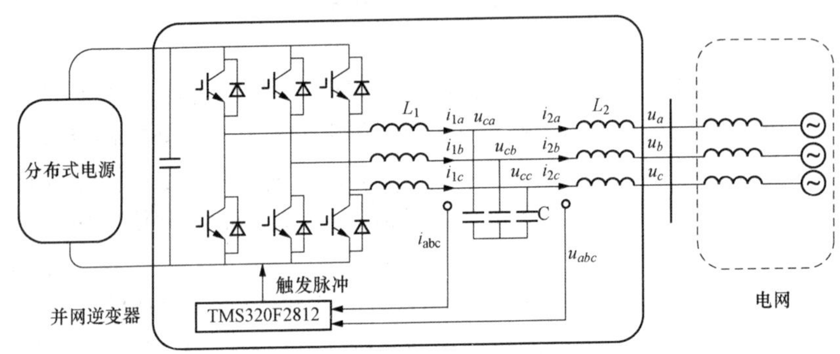

图 11-1　并网逆变器的拓扑结构

同样，通过电感 L_2 的电流的动态方程为

$$
\begin{cases}
L_2\dot{i}_{2a}=u_{ca}+R(i_{1a}-i_{2a})-u_a\\
L_2\dot{i}_{2b}=u_{cb}+R(i_{1b}-i_{2b})-u_b\\
L_2\dot{i}_{2c}=u_{cc}+R(i_{1c}-i_{2c})-u_c
\end{cases}
\tag{11-2}
$$

式中：u_a、u_b、u_c 为 PCC 点的电压。

同样，对于电容支路 C，列写动态方程为

$$
\begin{cases}
C\dot{u}_{ca}=i_{1a}-i_{2a}\\
C\dot{u}_{cb}=i_{1b}-i_{2b}\\
C\dot{u}_{cc}=i_{1c}-i_{2c}
\end{cases}
\tag{11-3}
$$

选用恒功率 Clarke 变换得

$$
C_{abc/\alpha\beta}=\sqrt{\frac{2}{3}}\times\begin{bmatrix}1 & -1/2 & -1/2\\ 0 & -\sqrt{3}/2 & \sqrt{3}/2\\ 1/\sqrt{2} & 1/\sqrt{2} & 1/\sqrt{2}\end{bmatrix}
\tag{11-4}
$$

其中逆变换满足 $T_{abc/\alpha\beta}=T_{abc/\alpha\beta}^{-1}=T_{abc/\alpha\beta}^{T}$，且 abc、$\alpha\beta$ 和 dq 坐标之间的关系如图 11-2 所示。

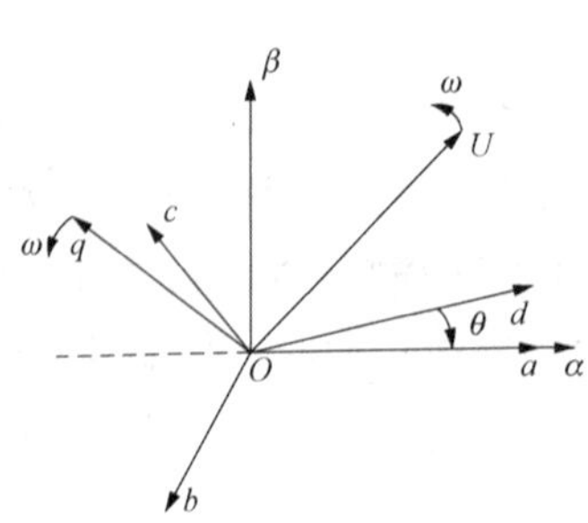

图 11-2　abc、$\alpha\beta$ 和 dq 坐标之间的关系

运用式（11-4），分别对式（11-1）～式（11-3）进行坐标变换，在静止 $\alpha\beta$ 坐标系下，LCL 滤波并网逆变器的数学模型可转换为

$$\begin{cases} L_1 \dot{i}_{1\alpha} = s_\alpha U_{dc} - u_{c\alpha} - R(i_{1\alpha} - i_{2\alpha}) \\ L_1 \dot{i}_{1\beta} = s_\beta U_{dc} - u_{c\beta} - R(i_{1\beta} - i_{2\beta}) \\ L_1 \dot{i}_{2\alpha} = u_{c\alpha} + R(i_{1\alpha} - i_{2\alpha}) - u_\alpha \\ L_1 \dot{i}_{2\beta} = u_{c\beta} + R(i_{1\beta} - i_{2\beta}) - u_\beta \\ C\dot{u}_{c\alpha} = i_{1\alpha} - i_{2\alpha} \\ C\dot{u}_{c\beta} = i_{1\beta} - i_{2\beta} \end{cases} \tag{11-5}$$

式中：s_α、s_β 为 $\alpha\beta$ 坐标系下的开关函数；u_α、u_β 为 $\alpha\beta$ 坐标系下的电压；C 为 Clarke 变换函数。

选用 Park 变换得

$$C_{abc/dq} = \sqrt{\frac{2}{3}} \times \begin{bmatrix} \cos\theta & \cos(\theta - 2\pi/3) & \cos(\theta + 2\pi/3) \\ -\sin\theta & -\sin(\theta - 2\pi/3) & -\sin(\theta + 2\pi/3) \\ \frac{1}{\sqrt{2}} & \frac{1}{\sqrt{2}} & \frac{1}{\sqrt{2}} \end{bmatrix} \tag{11-6}$$

式中：$\theta = \omega t + \theta_0$，$\theta_0$ 为 dq 坐标系 d 轴与 abc 坐标系 a 轴之间的夹角。

如图 11-2 所示，可以看出初相角 θ_0 可以灵活选择。例如，假设选择电网电压方向一定，θ 为电网电压相位，θ_0 为电压相位的初相角，此时三相对称的电压相量 U 在 q 轴上的投影为 0，因此可以进一步简化系统模型。

Clarke 变换和 Park 变换可以通过一个旋转变换 $S_{\alpha\beta/dq}$ 来相互转换，有

$$S_{\alpha\beta/dq} = \begin{bmatrix} \cos\omega t & \sin\omega t & 0 \\ -\sin\omega t & \cos\omega t & 0 \\ 0 & 0 & 1 \end{bmatrix} \tag{11-7}$$

$$T_{abc/dq} = T_{abc/\alpha\beta} = S_{\alpha\beta/dq} \tag{11-8}$$

逆变换为 $S_{dq/\alpha\beta} = S_{\alpha\beta/dq}^{-1} = S_{\alpha\beta/dq}^{\mathrm{T}}$。另外，对于三相对称系统来说，一般可以不计 O 轴分量。因此，旋转变换可以简化为

$$S_{\alpha\beta/dq} = \begin{bmatrix} \cos\omega t & \sin\omega t \\ -\sin\omega t & \cos\omega t \end{bmatrix} \tag{11-9}$$

结合式（11-6）中的 Park 变换，可获得 LCL 滤波并网逆变器的数学模型，如式（11-10）所示。由式（11-10）可知，因为进行了旋转变换，所以在电压和电流的 dq 轴分量之间引入了含与电网频率有关的 ω 使其含有交叉耦合项。而在 $\alpha\beta$ 坐标系下，因为 Clarke 是常数变换，所以不会出现耦合项。

$$\begin{cases} L_1 i_{1d} = s_d U_{dc} - u_{cd} - R(i_{1d} - i_{2d}) + \omega L_1 i_{1q} \\ L_1 i_{1q} = s_q U_{dc} - u_{cq} - R(i_{1q} - i_{2q}) - \omega L_1 i_{1d} \\ L_2 i_{2d} = u_{cd} + R(i_{1d} - i_{2d}) - u_d + \omega L_2 i_{2q} \\ L_2 i_{2q} = u_{cd} + R(i_{1q} - i_{2q}) - u_q - \omega L_2 i_{2d} \\ C\dot{u}_{cd} = i_{1d} - i_{2d} + \omega C u_{cq} \\ C\dot{u}_{cq} = i_{1q} - i_{2q} - \omega C u_{cd} \end{cases} \tag{11-10}$$

$$Z_0\dot{x} = A_0x + B_{10}\omega + B_{20}u \tag{11-11}$$

式中：x 为状态向量，$x=[i_{1d}, i_{1q}, i_{2d}, i_{2q}, u_{cd}, u_{cq}]^T$；$u$ 为控制向量，$u=[s_dU_{dc}, s_qU_{dc}]^T$；$\omega$ 为扰动向量，$\omega=[u_d, u_q]^T$；Z_0 为阻抗矩阵，$Z_0=\mathrm{diag}(L_1, L_1, L_2, L_2, C, C)$。

另外，状态矩阵 A_0 为

$$\boldsymbol{A}_0 = \begin{bmatrix} -R & \omega L_1 & R & 0 & -1 & 0 \\ -\omega L_1 & -R & 0 & R & 0 & -1 \\ R & 0 & -R & \omega L_2 & 1 & 0 \\ 0 & R & -\omega L_2 & -R & 0 & 1 \\ 1 & 0 & -1 & 0 & 0 & \omega C \\ 0 & 1 & 0 & -1 & -\omega C & 0 \end{bmatrix} \tag{11-12}$$

$$\boldsymbol{B}_{10} = \begin{bmatrix} 1 & 0 & 0 & 0 & 0 & 0 \\ 0 & 1 & 0 & 0 & 0 & 0 \end{bmatrix}^T \tag{11-13}$$

$$\boldsymbol{B}_{20} = \begin{bmatrix} 0 & 0 & -1 & 0 & 0 & 0 \\ 0 & 0 & 0 & -1 & 0 & 0 \end{bmatrix}^T \tag{11-14}$$

式（11-11）可转换为

$$\dot{x} = Z_0^{-1}A_0x + Z_0^{-1}B_{10}\omega + Z_0^{-1}B_{20}u \tag{11-15}$$

进一步简化为

$$\dot{x} = Ax + B_1\omega + B_2u \tag{11-16}$$

式中：$A=Z_0^{-1}A_0$；$B_1=Z_0^{-1}B_{10}$；$B_2=Z_0^{-1}B_{20}$。

根据上述函数关系，图 11-1 所示的并网逆变器的拓扑结构可以简化为图 11-3。图 11-3 中，u_0 为输出的基波平均电压，$Z_1=L_1s+R_1$、$Z_2=L_2s+R_2$、$Z_C=R_Cs+1/(sC)$。进一步利用叠加定理，可得并网逆变器侧电流 i_1 与输出电压 u_0、并网电流 i_2 与电网电压 u 之间的传递函数为

$$\begin{cases} I_1(s) = G_1(s)U_0(s) - G_2(s)U(s) = \dfrac{Z_2+Z_c}{\Delta}U_0(s) - \dfrac{Z_c}{\Delta}U(s) \\ I_2(s) = G_3(s)U_0(s) - G_4(s)U(s) = \dfrac{Z_c}{\Delta}U_0(s) - \dfrac{Z_1+Z_c}{\Delta}U(s) \end{cases} \tag{11-17}$$

式中：$\Delta=Z_1Z_2+Z_1Z_c+Z_2Z_c$。

根据式（11-17）可以进一步得到图 11-4 所示的框图模型，其中 K_{pwm} 为逆变器的放大倍数，$K_{pwm}=U_{dc}/2$，H 为采样系数。

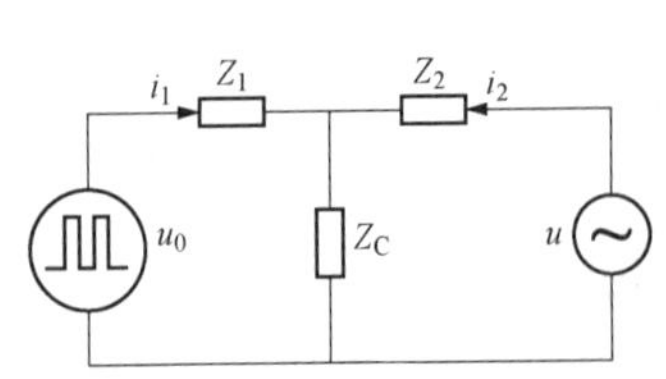

图 11-3 LCL 滤波并网逆变器的等效电路模型

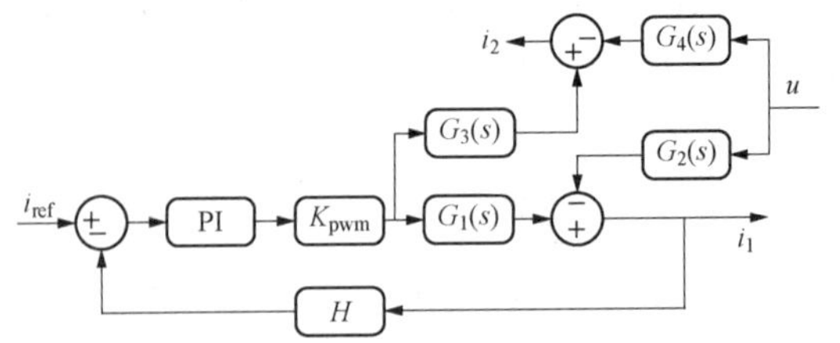

图 11-4 LCL 滤波并网逆变器的框图模型

二、三相两电平并网逆变器的控制方法

并网逆变器的控制方法分为直接功率控制、直接电压控制和直接电流控制三种。

图 11-5 所示为并网逆变器直接功率控制框图，通过并网逆变器输出功率的反馈，然后与指令功率进行滞环比较，再根据开关表驱动逆变器的开关管。不难发现，此类控制方便，响应速度较快，但不能对电网电能质量进行治理补偿。

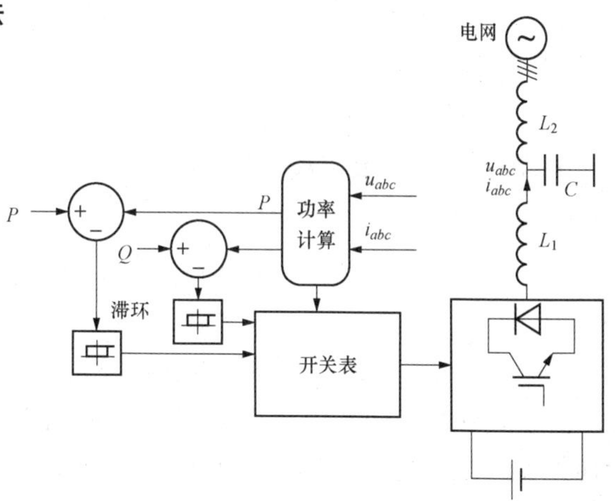

图 11-5　并网逆变器直接功率控制框图

图 11-6（a）所示的并网逆变器等效模型，通过控制并网逆变器的输出电压来控制并网电流，即直接电压控制。电压相量 U 与 U_0 在幅值和相位上存在着差异，依然无法控制并网电流的电能质量。

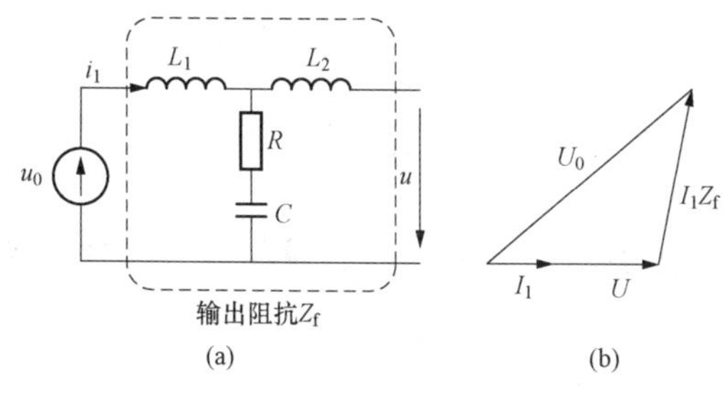

图 11-6　LCL 并网逆变器等效模型及电压、电流关系图

（a）等效模型；（b）电压、电流关系图

并网逆变器的电流控制方式如图 11-7 所示。对逆变器并网电流的控制，可以采用逆变器电流 i_1 反馈控制，其控制策略框图如图 11-7（a）所示，也可以采用并网侧电流 i_2 反馈控制其控制策略框图如图 11-7（b）所示。对于采用网侧电流 i_2 反馈控制的 LCL 并网逆变器，通常 $H=1$，则其闭环传递函数模型为

$$I_2(s)=\frac{K_{pwm}G_{PI}(s)G_3(s)}{\Lambda}I_{ref}(s)-\frac{G_4(s)}{\Lambda}U(s) \tag{11-18}$$

式中：$\Lambda=1+K_{pwm}G_{PI}(s)G_1(s)$，$G_3(s)=Z_c/\Delta$；$G_4(s)=(Z_1+Z_c)/\Delta$；$\Delta=Z_1Z_2+Z_1Z_c+Z_2Z_c$；$G_{PI}(s)$ 为 PI 控制器的传递函数，$G_{PI}(s)=K_P+K_i/s$。

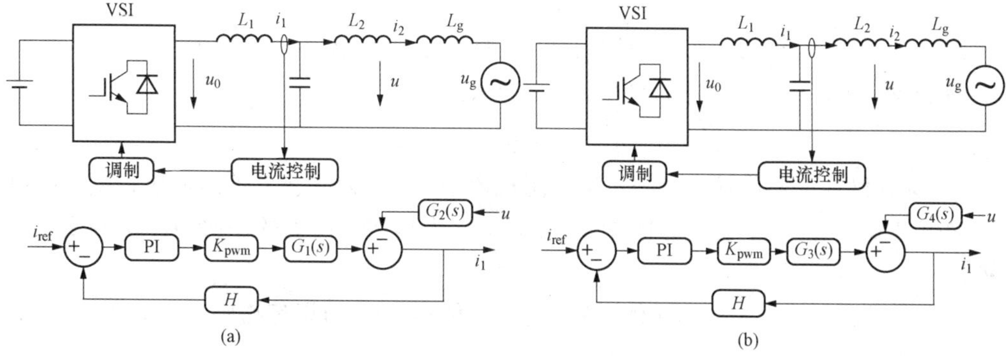

图 11-7　并网逆变器的电流控制方式图

（a）换流器侧电流反馈；（b）电网侧电流反馈

显然，系统的稳定性由式（11 - 18）的特征方程决定，为了方便起见，忽略阻抗 Z_1、Z_2 和 Z_c 中的电阻分量，则特征方程为

$$L_1L_2Cs^4+(L_1+L_2)s^2+K_PK_{pwm}s+K_iK_{pwm}=0 \tag{11-19}$$

由劳斯 - 胡尔维兹（Routh - Hurwitz）判据，式（11 - 19）所示的 4 阶系统 $\sum\limits_{i=0,1,2,3} a_is^i=0$ 稳定的充要条件为

$$\begin{cases} a_i>0, i=0、1、2、3 \\ a_1a_2-a_0a_3>0 \\ (a_1a_2-a_0a_3)-a_1^2a_4>0 \end{cases} \tag{11-20}$$

由于式（11 - 19）中缺少 s^3 项，根据判定条件，$a_3=0$，因此控制系统是不稳定的。为使控制系统稳定，必须引入其他控制变量加入 s^3 项，通常的做法是在滤波支路加入电阻。

对于逆变器侧电流反馈，其闭环传递函数模型为

$$I_2(s)=\frac{K_{pwm}G_{PI}(s)G_1(s)}{\Lambda}I_{ref}(s)-\frac{G_2(s)}{\Lambda}U(s) \tag{11-21}$$

式中：Λ 的特征方程为

$$L_1L_2Cs^4+L_2CK_PK_{pwm}s^3+(L_1+L_2+L_2CK_PK_{pwm})s^2+K_PK_{pwm}s+K_iK_{pwm}=0 \tag{11-22}$$

由式（11 - 22）可知，只要控制器设计合适，K_P 和 K_i 选择适当，逆变器侧电流反馈控制在单闭环情况下即可实现稳定。

第三节　三相组式并网逆变器

一、三相组式并网逆变器数学模型

虽然三相两电平并网逆变器应用较广，但其不能很好地改善电流不平衡问题。为此三相组式并网逆变器被提出，如图 11 - 8 所示。由图 11 - 1 与图 11 - 8 对比可知，组式并网逆变器相对三相两电平并网逆变器，其每相由一个单相桥式逆变器构成，提高系统的运行成本。

假设图 11 - 8 三相参数一致，可以得如图 11 - 9 所示的单相等效模型。

由图 11 - 9 可知，滤波电感 L 的电流 i_{1abc} 可表示为

$$L\dot{i}_{1abc}=u_{oabc}-u_{cabc}-R(i_{1abc}-i_{2abc}/n) \tag{11-23}$$

式中：u_{oabc} 为并网逆变器的输出电压；R 为阻尼电阻；u_{cabc} 为滤波电容的电压；i_{1abc} 为并网逆变器的输出电流；i_{2abc} 为并网逆变器的网侧电流；n 为隔离变压器的一次与二次侧变比，$n=N_1/N_2$。

当励磁电感远大于一次与二次侧漏磁电感 L_1 和 L_2 时，可以忽略励磁电感支路，则此时电流 i_{2abc} 可表示为

$$(L_1+L_2)\dot{i}_{2abc}/n=u_{cabc}+R(i_{1abc}-i_{2abc}/n)-nu_{abc} \tag{11-24}$$

式中：u_{abc} 为并网逆变器的输出电压。

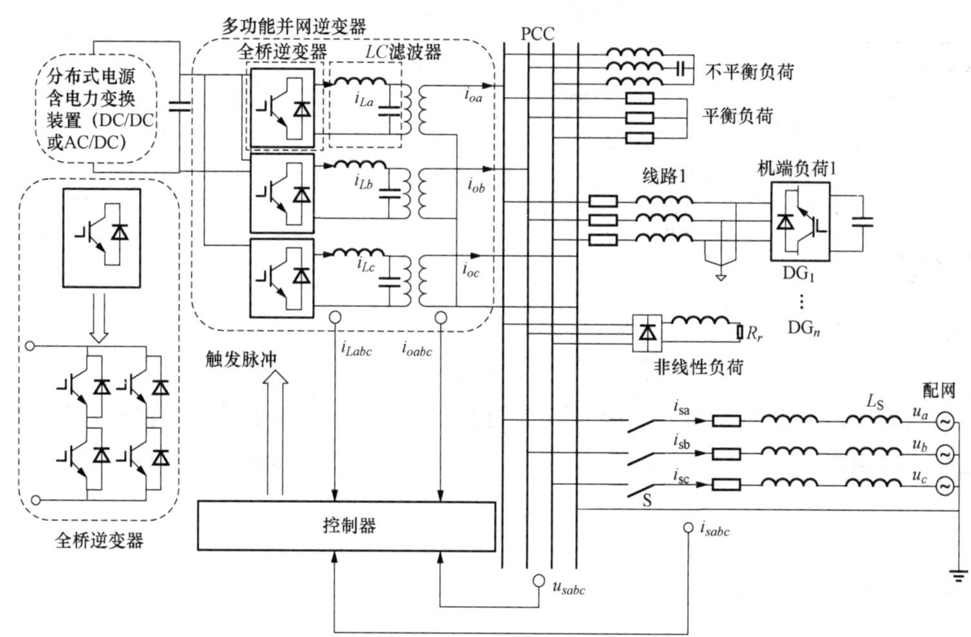

图 11-8　接入三相组式并网逆变器的分布式能源

滤波电容的电流可表示为

$$C\dot{u}_{cabc} = i_{1abc} - i_{2abc}/n \quad (11-25)$$

令状态向量 $\boldsymbol{x}=[i_{1a},\ i_{1b},\ i_{1c},\ i_{2a},\ i_{2b},\ i_{2c},\ u_{ca},\ u_{cd},\ u_{cc}]^{\mathrm{T}}$，控制向量 $\boldsymbol{u}=[u_{oa},\ u_{ob},\ u_{oc}]^{\mathrm{T}}$，扰动向量 $\omega=[u_a,\ u_b,\ u_c]^{\mathrm{T}}$，那么三相组式并网逆变器的数学模型用矩阵形式可表示为

$$E\dot{x} = Ax + B_1u + B_2\omega \quad (11-26)$$

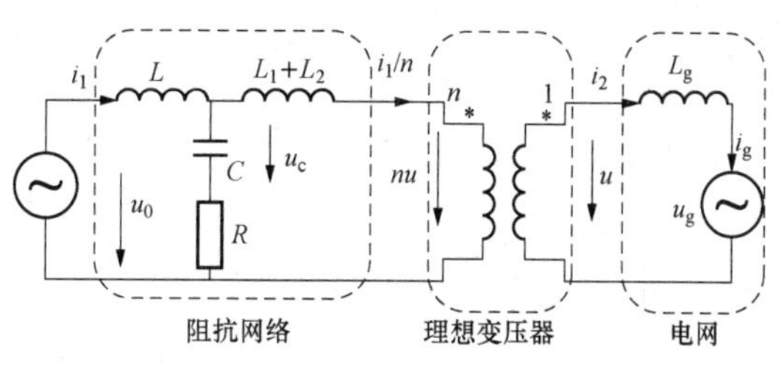

图 11-9　组式并网逆变器接入电网的单相等效模型

其中

$$\boldsymbol{A}=\begin{bmatrix}-R & R/n & -I\\ R & -R/n & I\\ I & -I & 0\end{bmatrix},\ \boldsymbol{B}_1=\begin{bmatrix}I\\0\\0\end{bmatrix},\ \boldsymbol{B}_2=\begin{bmatrix}0\\-nI\\0\end{bmatrix}$$

式中：$E=\mathrm{diag}[L,\ L,\ L(L_1+L_2)/n,\ (L_1+L_2)/n,\ (L_1+L_2)/n,\ C,\ C,\ C]$；$R=\mathrm{diag}(R,\ R,\ R)$；$I=\mathrm{diag}(1,\ 1,\ 1)$；0 为三阶零矩阵。

输出方程为

$$y = Mx + Du \quad (11-27)$$

式中：$M=[0,\ I,\ 0]$；$D=0$。

以 a 相模型为例，三相组式并网逆变器的参数见表 11-1。该组式并网逆变器可等效为具有 LCL 滤波的并网逆变器模型，与单纯的电感 L 相比，可以显著地衰减并网电流的高次谐波。但 LCL 滤波器具有三阶系统特性，容易导致输出振荡。另外，当阻尼电阻为 0 时，系统存在一个谐振峰值，如图 11-10 所示。

表 11-1　　三相组式并网逆变器的参数

元件	参数与取值
直流源	电压 $U_{dc}=400V$、电容 $C_{dc}=4400\mu F$
LC 滤波器	电感 $L=1mH$、电容 $C=10\mu F$、阻尼电阻 $R=4\Omega$
隔离变压器	一、二次侧变化 $n=N_1:N_2=150:220$、一、二次侧漏感 $L_1=L_2=0.5mH$、励磁电感 $L_m=0.6H$
电网	线电压 $U=380V$、频率 $f_0=50Hz$、电感 $L_g=2.3H$

三相组式并网逆变器单相等效电路阻抗网络与式（11-13）的阻抗网络类似。工程简化可忽略阻尼绕组 R，得到简化的三相组式并网逆变器控制降阶框图模型，如图 11-11 所示。

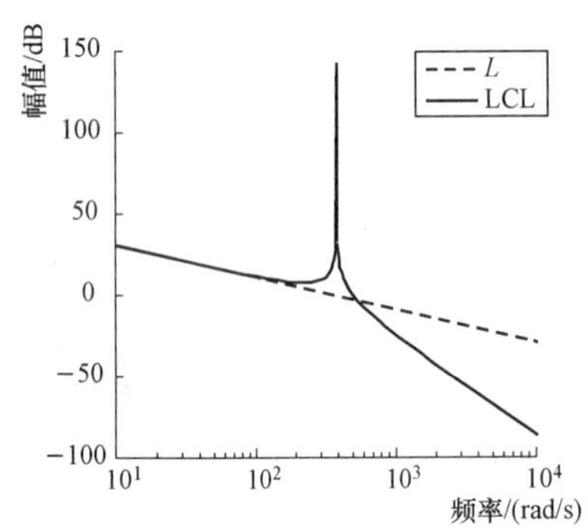

图 11-10　L 与 LCL 滤波器幅频特性

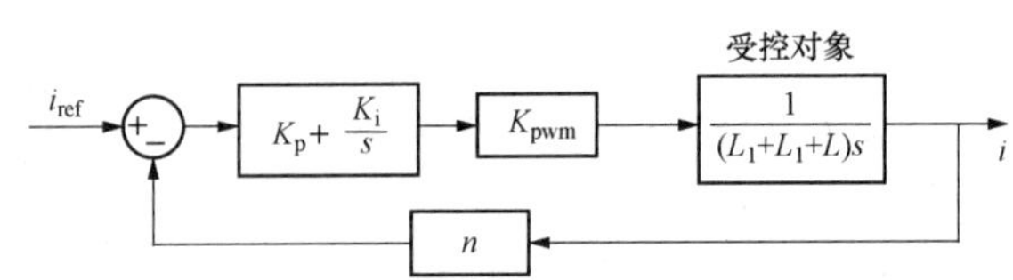

图 11-11　三相组式并网逆变器控制降阶框图模型

假设并网逆变器的放大倍数为 $K_{pwm}=1$，则逆变器输出电压 u_0 与网侧电流 i_2 之间的传递函数为

$$C_{u_0 \to i_2}=n\frac{1}{L(L_1+L_2)Cs^3+(L_1+L_2+L)s} \tag{11-28}$$

同样，u_0 与 i_1 之间的传递函数为

$$G_{u_0 \to i_1}=\frac{(L_1+L_2)Cs^3+1}{L(L_1+L_2)Cs^3+(L_1+L_2+L)s} \tag{11-29}$$

电网电压 u 和电流 i_1、i_2 传递函数为

$$G_{u \to i_1}=-\frac{n}{L(L_1+L_2)Cs^3+(L_1+L_2+L)s} \tag{11-30}$$

$$G_{u \to i_2}=-\frac{n^2(LCs^3+1)}{L(L_1+L_2)Cs^3+(L_1+L_2+L)s} \tag{11-31}$$

二、三相组式并网逆变器的控制方法

三相组式并网逆变器与三相两电平 LCL 并网逆变器类似，如采用网侧电流 i_2 反馈时，系统将不稳定。如果采用逆变器侧输出电流 i_1 反馈，选择合理的控制参数，系统能达到稳

定。本节采用加权电流反馈控制，进行三相组式并网逆变器控制，利用 i_1 和 i_2 的同时反馈，如图 11-12 所示。

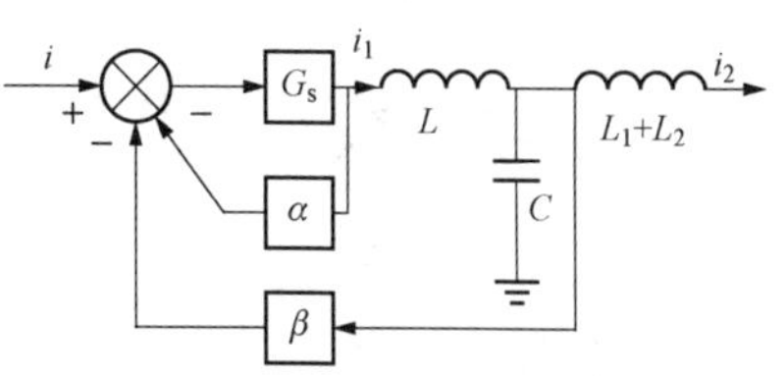

图 11-12 加权电流控制

取加权电流为

$$i = \alpha i_1 + \beta i_2 \tag{11-32}$$

式中：α、β 为加权系数，$\alpha+\beta=1$。

由式（11-28）～式（11-32）可知，并网逆变器输出电压 u_0 到加权反馈电流 i 之间的传递函数为

$$G_{u_0\to i} = \frac{\alpha}{n}G_{u_0\to i_1} + \beta G_{u_0\to i_2} = \frac{\alpha(L_1+L_2)Cs^2+1}{(L_1+L_1)LCs^3+(L_1+L_1+L)s} \tag{11-33}$$

为了消除 LCL 滤波器极点谐振峰值带来的稳定裕量不足问题，可以选择适当的 PI 参数值进行零极点抵消或接近，并使控制系统由三阶变为一阶。

当 $\alpha=(L_1+L_2)/(L_1+L_2+L)$时，式（11-33）可以简化为

$$G_{u_0\to i_1} = \frac{1}{(L_1+L_2+L)s} \tag{11-34}$$

同样，电网电压 u 与电流 i 之间的传递函数为

$$G_{u\to i} = \frac{\alpha}{n}G_{u\to i_1} + \beta G_{u\to i_2} = -n\frac{\alpha LCs^2+1}{(L_1+L_2)LCs^3+(L_1+L_2+L)s} \tag{11-35}$$

同样，当 $\alpha=(L_1+L_2)/(L_1+L_2+L)$时，式（11-35）可以简化为

$$G_{u\to i} = \frac{-n}{(L_1+L_2+L)s} \tag{11-36}$$

此时系统满足零极点相消，最终系统从三阶降为一阶，因而极点峰值增益不再影响 PI 调节器的设计。

第四节 三相组式并网逆变器指令参考电流生成算法

一、基于投影方法

将电网电压 u_{abc} 和负荷电流 i_{Labc} 进行 Clarke 变换和 Park 变换，可以得到它们在 $\alpha\beta$ 和 dq 坐标系下的分量 $u_{\alpha\beta}$ 和 $i_{L\alpha\beta}$、u_{dq} 和 i_{Ldq}。同时，电压和电流相量满足

$$\overline{U} = \overline{u}_\alpha + \mathrm{j}\overline{u}_\beta = U_m^{\mathrm{j}(\omega t+\varphi_u)} = \mathrm{e}^{\mathrm{j}\omega t}(\overline{u}_d + \mathrm{j}\overline{u}_q) \tag{11-37}$$

$$\overline{I} = \overline{i}_{L\alpha} + \mathrm{j}\overline{i}_{L\beta} = I_{Lm}^{\mathrm{j}(\omega t+\varphi_i)} = \mathrm{e}^{\mathrm{j}\omega t}(\overline{i}_{Ld} + \mathrm{j}\overline{i}_{Lq}) \tag{11-38}$$

式中：“—”为经过低通滤波后的值；φ_u、φ_i 为电网电压 U 和负荷电流 $\overline{I}_L$ 与同步 dq 坐标系的夹角。

电压相量 U 和电流相量 $\overline{I}_L$ 之间的关系如图 11-13 所示，电流 $\overline{I}_L$ 投影到电压矢量 $\overline{U}$ 上，获得正序的有功电流基波分量 I_{L1p}，无功电流基波分量 I_{L1q}，经过低通滤波器后在 dq 轴分量 $\overline{i}_{Ld}$、$\overline{i}_{Lq}$、$\overline{u}_d$、$\overline{u}_q$。因此正序基波的有功电流基波分量 I_{L1p} 和无功电流基波分量 I_{L1p} 为

$$I_{L1p} = i_{Lpd} + \mathrm{j}i_{Lpq} \tag{11-39}$$

$$I_{L1p} = i_{Lqd} + \mathrm{j}i_{Lqq} \tag{11-40}$$

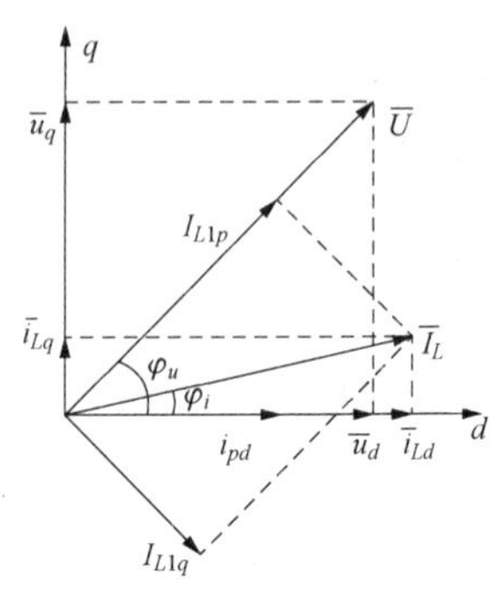

图 11-13　电压相量和电流相量图

其中

$$
\begin{cases}
i_{Lpd} = (\bar{u}_d \bar{i}_{Ld} + \bar{u}_q \bar{i}_{Lq})\bar{u}_d / \sqrt{\bar{u}_d^2 + \bar{u}_q^2} \\
i_{Lpd} = (\bar{u}_d \bar{i}_{Ld} - \bar{u}_q \bar{i}_{Lq})\bar{u}_q / \sqrt{\bar{u}_d^2 + \bar{u}_q^2}
\end{cases}
\tag{11-41}
$$

$$
\begin{cases}
i_{Lqd} = (\bar{u}_q \bar{i}_{Ld} - \bar{u}_d \bar{i}_{Lq})\bar{u}_q / \sqrt{\bar{u}_d^2 + \bar{u}_q^2} \\
i_{Lqq} = -(\bar{u}_q \bar{i}_{Ld} - \bar{u}_d \bar{i}_{Lq})\bar{u}_d / \sqrt{\bar{u}_d^2 + \bar{u}_q^2}
\end{cases}
\tag{11-42}
$$

根据上述相关公式可得检测的谐波电流为

$$
\begin{cases}
i_{hd} = i_{Ld} - i_{Lpd} - i_{Lqd} - i_{nd} \\
i_{hq} = i_{Lq} - i_{Lpq} - i_{Lqq} - i_{nq}
\end{cases}
\tag{11-43}
$$

由式（11-37）～式（11-43）可得参考电流生成框图，如图 11-14 所示。

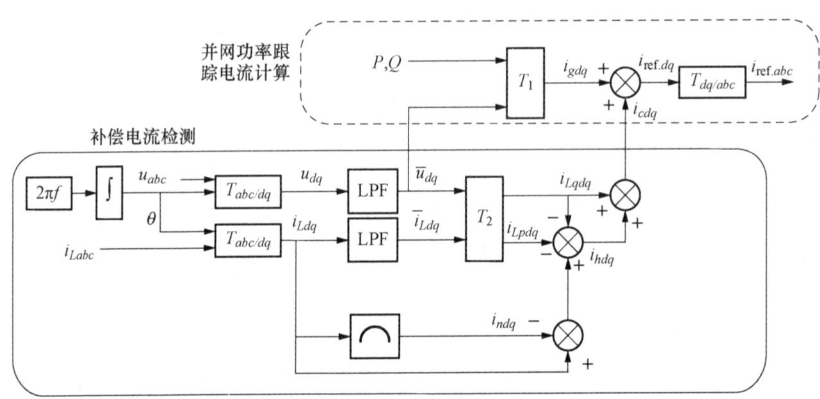

图 11-14　多功能并网逆变器参考电流生成框图

图 11-14 中，u_{abc} 为 PCC 的电压，i_{Labc} 为广义的负荷电流，T_2 即为式（11-41）和式（11-42）所表达的内容，$i_{\text{ref.}abc}$ 为多功能逆变器的指令参考电流，其中电网相位 θ 可以由锁相环获得。将电压和电流分量向同步 $dq0$ 坐标系投影，由式（11-41）和式（11-42）即可得到正序基波电流分量。电能质量补偿电流 i_{cdq} 由谐波电流 i_{hdq} 和无功电流 i_{Lqdq} 构成，该部分与并网功率跟踪电流 i_{gdq} 一起组成了分布式能源多功能并网逆变器的跟踪指令电流。

二、FBD 功率理论

FBD 是 Fryze、Buchholz、Depenbrock 三个英文单词首字母的缩写，简称 FBD 功率理论。

Fryze 理论首次将电流分解为有功分量和非有功分量，Buchholz 理论给出了视在功率、电压、电流在集总参数下的定义。

1993 年，Depenbrock 教授首次以英文的形式向英语国家介绍了 FBD 功率理论。该理论结合了前两种理论的优点，在此基础上进行了扩展。

如图 11-15 所示，其中 G_1 和 B_1 分别为电导基波分量和电纳基波分量，G_h 和 B_h 分别为电流 h 次谐波分量的电导和电纳。

在理想条件下，G_1 和 B_1 为常数，而 G_h 和 B_h 是 $h-1$ 次的正弦量。可以利用低通滤

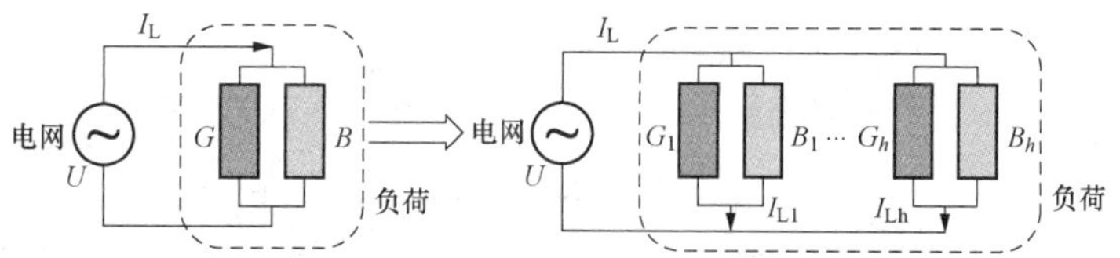

图 11 - 15　基于 FBD 功率理论的谐波电流检测法

波器 LPF 从等效电导 G 和电纳 B 中分别滤除 G_h 和 B_h，得到基波电流分量所对应的 G_1、B_1。

$$\begin{cases} p = u_a i_{La} + u_b i_{Lb} + u_c i_{Lc} = u_\alpha i_\alpha + u_\beta i_\beta = u_d i_d + u_q i_q \\ q = [(u_a - u_b) i_{Lc} + (u_b - u_c) i_{La} + (u_c - u_a) i_{Lb}] / \sqrt{3} = u_\beta i_\alpha - u_\alpha i_\beta = u_q i_d - u_d i_q \end{cases} \tag{11 - 44}$$

$$\begin{cases} G = p/(u_a^2 + u_b^2 + u_c^2) = p/(u_\alpha^2 + u_\beta^2) = p/(u_d^2 + u_q^2) \\ B = q/(u_a^2 + u_b^2 + u_c^2) = q/(u_\alpha^2 + u_\beta^2) = q/(u_d^2 + u_q^2) \end{cases} \tag{11 - 45}$$

根据 FBD 功率理论，基波负荷电流中的有功分量 i_{pabc} 和无功分量 i_{qabc} 可表示为

$$i_{pabc} = G_1 u_{abc} \tag{11 - 46}$$

$$i_{qabc} = (B_1/\sqrt{3})[u_b - u_c \quad u_c - u_a \quad u_a - u_b]^{\mathrm{T}} \tag{11 - 47}$$

根据式（11 - 44）～式（11 - 47），可得需要检测的谐波电流为

$$i_{habc} = i_{Labc} - i_{pabc} - i_{qabc} \tag{11 - 48}$$

基于 FBD 功率理论的谐波电流检测算法框图，如图 11 - 16 所示。为了实现并网电流幅值、相位的跟踪控制，采用一种无锁相环技术的并网电流跟踪算法。基于同步旋转轴坐标检测思想，Park 变换中的相位不需要与电网电压一样，只需旋转坐标系与电网电压旋转速度保持同步即可。

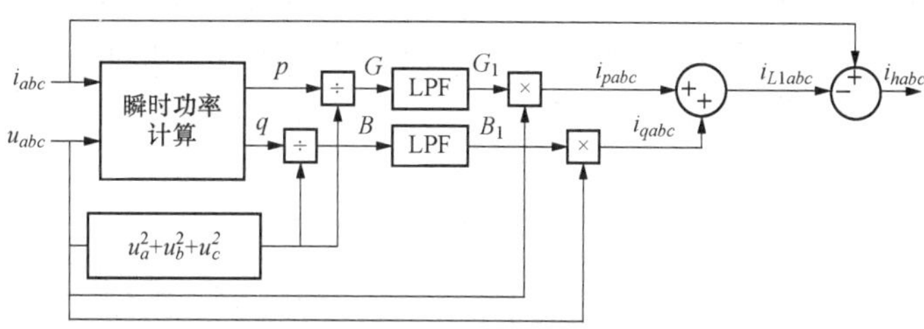

图 11 - 16　基于 FBD 功率理论的谐波电流检测算法

第五节　分布式能源的电能质量优化补偿分析

图 11 - 17 所示为分布式能源系统接线，线路参数见表 11 - 2。线路 1～线路 3 和网侧线路的长度分别为 0.3、0.2、0.2、0.1km。多功能并网逆变器参数见表 11 - 3，不平衡负荷的三相参数大小分别为 0.15H＋3Ω、0.085H＋4.5Ω、0.03H＋2Ω。三相整流型非线性负荷为 0.1H＋50Ω。三相对称负荷中每相电阻为 20Ω。机端负荷 1 和负荷 2 的大小分别为 12、16kW。各自的指令输出功率分别为 9kW/0var、15kW/0var、6kW/0var。

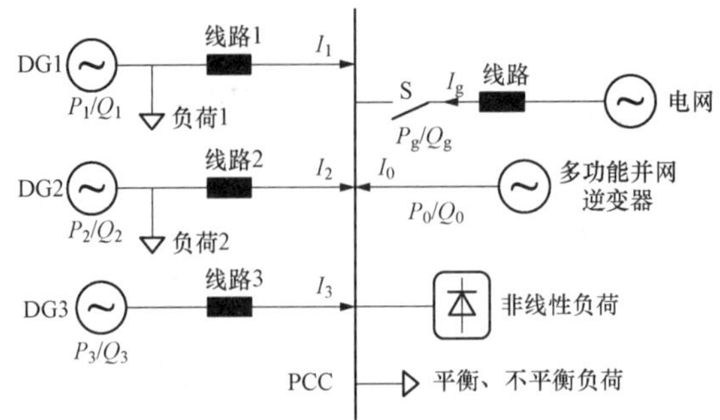

图 11-17　分布式能源系统接线

表 11-2　　**典型线路参数**

线路类型	$R/(\Omega/\text{km})$	$X/(\Omega/\text{km})$	R/X	线路类型	$R/(\Omega/\text{km})$	$X/(\Omega/\text{km})$	R/X
低压线路	0.642	0.083	7.70	高压线路	0.060	0.191	0.31
中压线路	0.161	0.190	0.85				

表 11-3　　**多功能并网逆变器参数**

变量	取值	变量	取值
开关频率 f_s/kHz	8	DG 滤波电感 L/mH	2
多功能逆变器直流母线电压 U_{dc}/V	400	DG 滤波电容 C/μF	10
DG 直流母线电压 U_{dc}/V	700		

图 11-18 给出了非线性和不平衡负荷电流波形，从图 11-18（a）中可以看出非线性负荷电流中存在比较多的谐波。在图 11-18（b）中可以发现负荷电流中含有较多的零序和负序电流分量。图 11-19 给出了 PCC 的电流波形，图 11-19（a）中无任何补偿，图 11-19（b）为从 0.1s 进行谐波补偿，图 11-19（c）为从 0.1s 进行无功和不平衡补偿，图 11-19（d）为从 0.1s 进行谐波、无功和不平衡补偿。从图 11-19 所示的相关补偿效果可以看出，在分布式能源多功能并网逆变器进行有效补偿时，PCC 处电能质量得到了明显改善，而且能够根据实际需求分别对谐波、无功和不平衡的组合补偿。

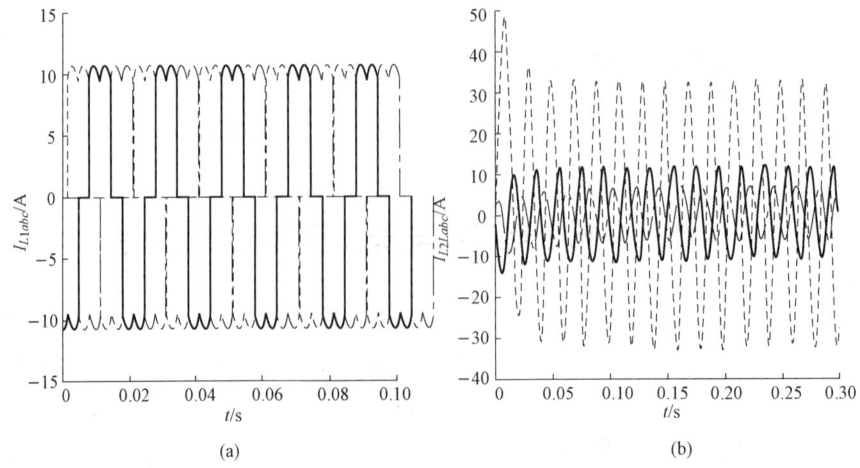

图 11-18　非线性和不平衡负荷电流波形

（a）非线性负荷电流波形；（b）不平衡负荷电流波形

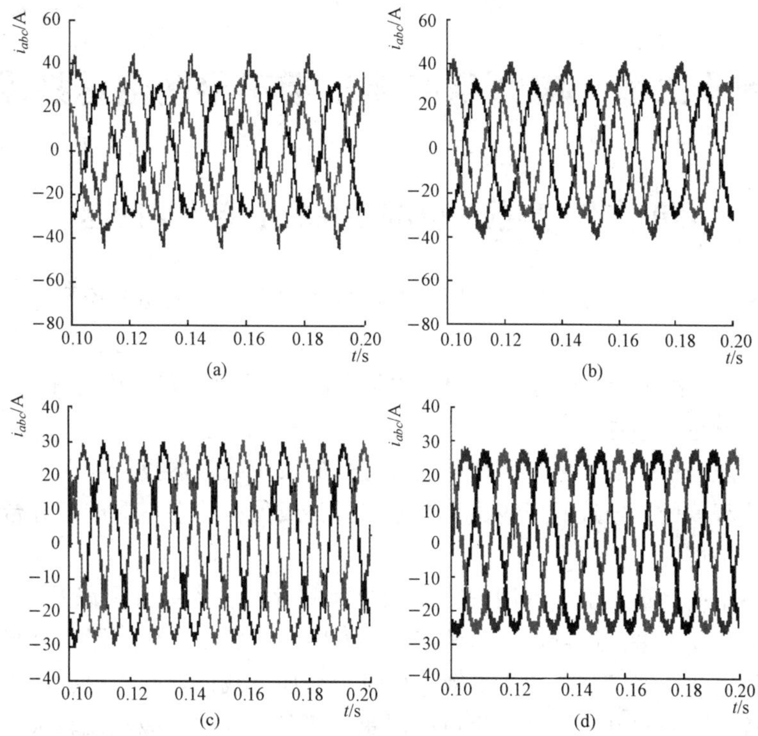

图 11-19 PCC 的电流波形

（a）并网逆变器无补偿；（b）并网逆变器只有谐波补偿；

（c）并网逆变器只有无功和不平衡补偿；（d）并网逆变器完全补偿

第十二章 电力用户端三相不平衡治理技术

第一节 当前配电网存在的电能质量问题

当前配电网存在一个比较突出的问题是配电变压器低压侧三相电流严重不平衡，大多地方的超标率都在30%以上，有的地方甚至达到77.9%，其三相电流不平衡度已经严重超出DL/T 1102—2009《配电变压器运行规程》中规定的限值（25%）。由此相关调研情况可知，当前配电网存在的主要问题：

（1）台区电压合格率低。由于无功补偿装置普遍采用接触器投切和手动投切电容器组两种方式，自动化程度低，导致低压线路长期处于过补或欠补状态，造成部分台区出现功率因数低、电压不合格情况。

（2）三相不平衡严重。由于各用户负荷用电时间存在较大差异，以及负荷布置不合理，导致配电变压器长期不平衡运行，加之城市快速发展，造成配电变压器重过载兼三相不平衡情况出现，当配电变压器三相负荷不平衡运行时，增加空载损耗、铜损、低压线路线损，造成的功率损失较大。当配电变压器三相负荷严重不平衡时，中性线电流较大，产生较大的压降，中性点位移造成三相电压不平衡，有些相的电压过高或过低，用电设备不能正常运行，对用电设备的安全运行极为不利。由于负荷不平衡，流过配电变压器绕组、线路的电流值不同，产生电压降也不同，使得输出电压、用户设备获得的电压也不平衡，负荷越重的相输出电压越低，负荷越轻的相输出电压越高。当配电变压器三相负荷不平衡时，配电变压器出力减小，同时过负荷能力也在降低，抗短路冲击的能力减弱，各种因素叠加在一起，最终造成配电变压器烧毁。

（3）谐波问题严重。现代办公楼、商场及家庭中的用电设备如空调、计算机等是非线性负荷，会产生各种谐波。谐波电流在电网中，产生的功率损耗构成电网线损的一部分，对电网的经济运行不利。而且特定频次的谐波可能会引起谐振，各种谐波源产生的谐波对电力系统造成了污染，影响电力系统和广大用户。谐波导致的问题在中短期内将逐渐显现，减少配电变压器使用年限。

第二节 三相四线制并联型有源电力滤波器

对于治理三相电网不平衡等电能质量问题，三相四线制并联型有源电力滤波器具有相应的技术优势。

一、常见的并联型三相四线制有源电力滤波器（APF）拓扑结构

常见的三相四线制并联有源电力滤波器的主电路拓扑结构主要有以下三种形式。

（1）三个单相全桥拓扑结构，如图12-1所示。这种结构有三个单独的桥臂单元，每个单独的桥臂单元单独检测每一相的电能质量，然后再进行治理，三个桥臂单元之间互不影

响，但该拓扑结构硬件投入多，经济性比较低，且只有当三个桥臂单元之间有效配合，才能很好地补偿中性线电流，控制算法比较复杂，目前较少采用。

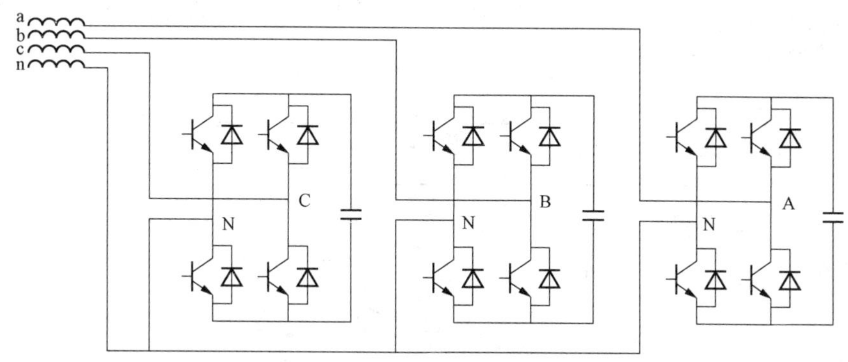

图 12-1　三个单相全桥拓扑结构

（2）三桥臂电容中分拓扑结构如图 12-2 所示，该拓扑结构相对于三个单相全桥拓扑结构，需要的硬件投入少，经济性好，但由于直流侧电容的中心点和电网中性线连接在一起，两个电容的电压大小因中性线电流的存在而有差异，在实际控制中，需要解决电容均压问题。

（3）三相四线拓扑结构如图 12-3 所示，该拓扑结构相较于三桥臂电容中分拓扑结构多了一个并联的桥臂，电网中性线连接在这个桥臂中间，其任务是解决中性线流过的各种电流问题，它带来的明显优点是能够更好地利用直流母线电压，并且只需增加一个桥臂的成本投入。

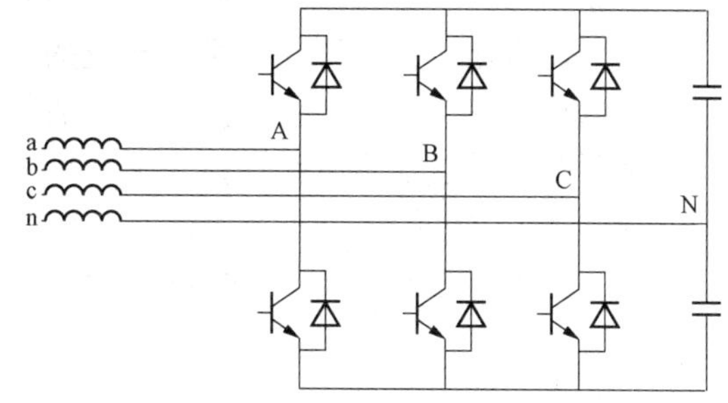

图 12-2　三桥臂电容中分拓扑结构

图 12-3　三相四线拓扑结构

二、APF 工作原理

APF 指令电流运算电路对非线性负荷电流进行实时采样，并计算出所需要的补偿电流指令，然后把计算出的补偿电流指令给到跟踪控制电路，跟踪控制电路根据所得到的补偿电流指令算出调制波的占空比信号，给到驱动电路输出 PWM 波形，主电路根据 PWM 波形输出一个同谐波电流相互抵消的电流，这样就达到了抑制谐波的目的。APF 工作原理见图 12-4。

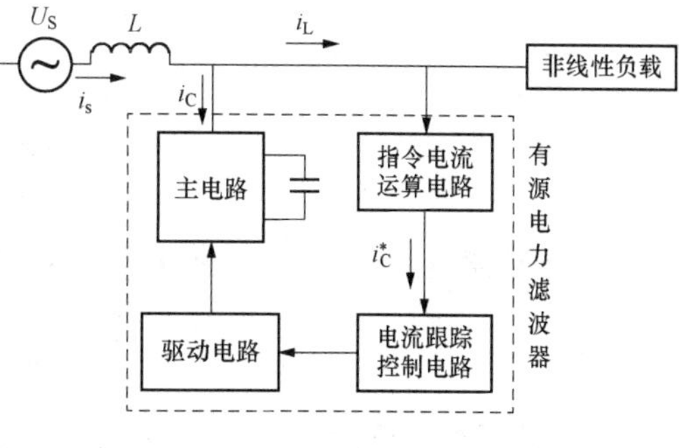

图 12-4　APF 工作原理框图

三、三相四线 APF 拓扑结构分析

如图 12 - 5 所示为三相四线 APF 拓扑结构图。从图中可以看出，三相四线 APF 每一相补偿电流都是通过各自桥臂进行输出的，所以在补偿中性线电流的过程中，其他三相电流同中性线电流耦合度少。

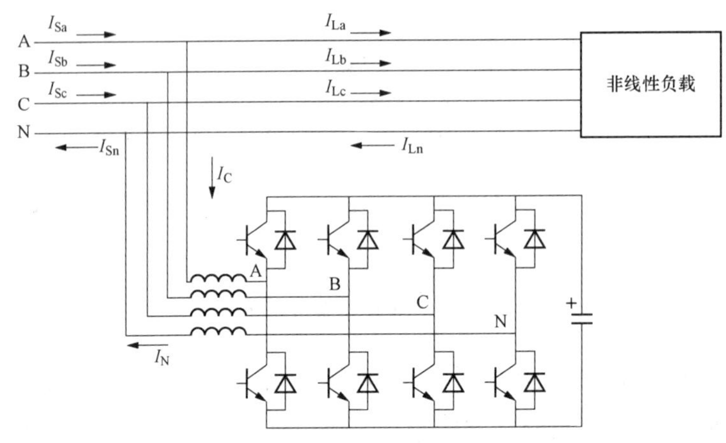

图 12 - 5　三相四线 APF 拓扑结构图

（一）三相四线 APF 拓扑 N 桥臂电流动态跟踪能力分析

为了进行电流动态跟踪能力分析，将图 12 - 5 拓扑结构图等效为等值电路，其等值条件为：将两个参数完全一样的电容串联在一起相当于一个直流母线电容；实际开关元件简化为一个开关函数。相应的等值电路如图 12 - 6 所示，图中 N′代表的是两个串联电容的中点，$S_{x(x=\mathrm{a、b、c、n})}$ 为半导体开关器件的等值开关函数。

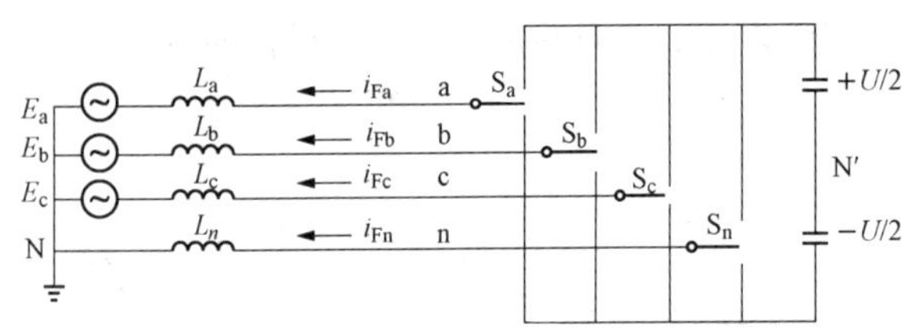

图 12 - 6　三相四线 APF 拓扑等值电路

假设三相接入电网的电感值相等，即 $L_a = L_b = L_c = L$，则开关函数为

$$S_{x(x=\mathrm{a、b、c、n})} = \begin{cases} 1(\text{桥臂上开关开通，下开关关断}) \\ 0(\text{桥臂上开关关断，下开关开通}) \end{cases} \tag{12 - 1}$$

根据等值电路及开关函数，可以得到 a、b、c、n 各点与 N′点之间的电压

$$\begin{cases} u_{aN'} = U(S_a - 1/2) \\ u_{bN'} = U(S_b - 1/2) \\ u_{cN'} = U(S_c - 1/2) \\ u_{nN'} = U(S_n - 1/2) \end{cases} \tag{12 - 2}$$

以 a 相补偿电流 i_{Fa} 为状态变量，可得方程

$$L_a \frac{\mathrm{d}i_{Fa}}{\mathrm{d}t} = U_{aN} - E_a \tag{12 - 3}$$

同理，得到方程组

$$\begin{cases} L\dfrac{\mathrm{d}i_{\mathrm{Fa}}}{\mathrm{d}t}=U_{\mathrm{aN}}-E_{\mathrm{a}} \\ L\dfrac{\mathrm{d}i_{\mathrm{Fb}}}{\mathrm{d}t}=U_{\mathrm{bN}}-E_{\mathrm{b}} \\ L\dfrac{\mathrm{d}i_{\mathrm{Fc}}}{\mathrm{d}t}=U_{\mathrm{cN}}-E_{\mathrm{c}} \\ L_{\mathrm{n}}\dfrac{\mathrm{d}i_{\mathrm{Fn}}}{\mathrm{d}t}=U_{\mathrm{nN}}-0 \end{cases} \tag{12-4}$$

由式（12-2）～式（12-4）整理后得到

$$\begin{pmatrix} \dfrac{\mathrm{d}i_{\mathrm{Fa}}}{\mathrm{d}t} \\ \dfrac{\mathrm{d}i_{\mathrm{Fb}}}{\mathrm{d}t} \\ \dfrac{\mathrm{d}i_{\mathrm{Fc}}}{\mathrm{d}t} \\ \dfrac{\mathrm{d}i_{\mathrm{Fn}}}{\mathrm{d}t} \end{pmatrix}=\begin{pmatrix} \dfrac{U_{\mathrm{aN}}}{L}-\dfrac{E_{\mathrm{a}}}{L} \\ \dfrac{U_{\mathrm{bN}}}{L}-\dfrac{E_{\mathrm{b}}}{L} \\ \dfrac{U_{\mathrm{cN}}}{L}-\dfrac{E_{\mathrm{c}}}{L} \\ \dfrac{U_{\mathrm{nN}}}{L}-0 \end{pmatrix} \tag{12-5}$$

电源电压在实际供电情况下相对来说比较稳定，不会有比较大的波动或畸变，为了简化计算，假设电力系统供电电压是标准的正弦波电压，则有

$$E_{\mathrm{a}}+E_{\mathrm{b}}+E_{\mathrm{c}}=0 \tag{12-6}$$

对节点 N，有

$$i_{\mathrm{a}}+i_{\mathrm{b}}+i_{\mathrm{c}}+i_{\mathrm{n}}=0 \tag{12-7}$$

结合式（12-5）～式（12-7）可得

$$u_{\mathrm{aN}}+u_{\mathrm{bN}}+u_{\mathrm{cN}}+\frac{L}{L_{\mathrm{n}}}u_{\mathrm{aN}}=0 \tag{12-8}$$

又由等值电路图可知

$$\begin{cases} u_{\mathrm{aN}}=u_{\mathrm{aN'}}-u_{\mathrm{NN'}} \\ u_{\mathrm{bN}}=u_{\mathrm{bN'}}-u_{\mathrm{NN'}} \\ u_{\mathrm{cN}}=u_{\mathrm{cN'}}-u_{\mathrm{NN'}} \\ u_{\mathrm{nN}}=u_{\mathrm{nN'}}-u_{\mathrm{NN'}} \end{cases} \tag{12-9}$$

由式（12-2）、式（12-8）、式（12-9）有

$$u_{\mathrm{NN'}}=U\frac{L_{\mathrm{n}}}{L+3L_{\mathrm{n}}}\left(S_{\mathrm{a}}+S_{\mathrm{b}}+S_{\mathrm{c}}+\frac{L}{L_{\mathrm{n}}}S_{\mathrm{n}}-\frac{3L_{\mathrm{n}}+L}{2L_{\mathrm{n}}}\right) \tag{12-10}$$

由式（12-2）、式（12-9）、式（12-10）有

$$u_{\mathrm{nN}}=U\frac{L_{n}}{L+3L_{\mathrm{n}}}(3S_{\mathrm{n}}-S_{\mathrm{a}}-S_{\mathrm{b}}-S_{\mathrm{c}}) \tag{12-11}$$

结合式（12-5）和式（12-11），得到三相四线 APF 中性线所在桥臂输出的电流动态跟踪能力为

$$\gamma_{\mathrm{n}}=\left|\frac{\mathrm{d}i_{\mathrm{Fn}}}{\mathrm{d}t}\right|_{\max}=\left|\frac{U_{\mathrm{nN}}}{L_{\mathrm{n}}}\right|_{\max}=\left|\frac{U}{L+3L_{\mathrm{n}}}(3S_{\mathrm{n}}-S_{\mathrm{a}}-S_{\mathrm{b}}-S_{\mathrm{c}})\right|_{\max}=\left|\frac{U}{\frac{1}{3}L+L_{\mathrm{n}}}\right| \tag{12-12}$$

由式（12-12）可知，四桥臂的电感以及直流母线电容的电压都会影响三相四线 APF 的 N 桥臂电流动态跟踪能力。

（二）三相四线 APF 拓扑三桥臂电流的动态跟踪能力分析

因为三相四线 APF 结构的三桥臂都是一样的，并且它们之间互不影响。所以，可以先对 a 相桥臂单独进行分析。

由式（12-4）、式（12-9）可得

$$L_a \frac{di_{Fa}}{dt} = U_{aN} - U_{NN'} - E_a \tag{12-13}$$

又由式（12-2）、式（12-10）可将式（12-13）转换为

$$L_a \frac{di_{Fa}}{dt} = U \frac{L_n}{L+3L_n}\left(\frac{L+2L_n}{L_n}S_a - S_b - S_c - \frac{L}{L_n}S_n\right) - E_a \tag{12-14}$$

从式（12-14）可得 a 相桥臂输出电流动态跟踪能力为

$$\gamma_a = \left|\frac{di_{Fa}}{dt}\right|_{max} = \left|\frac{UL_n}{(L+3L_n)L}\left(\frac{L+2L_n}{L_n}S_a - S_b - S_c - \frac{L}{L_n}S_n\right) - \frac{E_a}{L}\right|_{max} \tag{12-15}$$

鉴于电力系统供电电压相对稳定，上式又可简化为

$$\gamma_a = \left|\frac{di_{Fa}}{dt}\right|_{max} = \frac{U(L+2L_n)}{(L+3L_n)L} + \frac{|E_a|}{L} \tag{12-16}$$

同样可得 b、c 相桥臂的输出电流动态跟踪能力为

$$\gamma_b = \left|\frac{di_{Fb}}{dt}\right|_{max} = \frac{U(L+2L_n)}{(L+3L_n)L} + \frac{|E_b|}{L} \tag{12-17}$$

$$\gamma_c = \left|\frac{di_{Fc}}{dt}\right|_{max} = \frac{U(L+2L_n)}{(L+3L_n)L} + \frac{|E_c|}{L} \tag{12-18}$$

（三）基波电流不平衡条件下补偿能力分析

为了简化计算和方便分析，假定三相电流中只有 a 相有基波有功分量，另外两相电流当中的基波和谐波均为 0。每一相中基波的正序、负序和零序电流可以通过使用对称分量法分析得到

$$\dot{I}_{a1} = \dot{I}_{a2} = \dot{I}_{a0} = \frac{1}{3}\dot{I}_a \tag{12-19}$$

式中：$\dot{I}_a$为基波电流；$\dot{I}_{a1}$为基波正序电流；$\dot{I}_{a2}$为基波负序电流；$\dot{I}_{a0}$为基波零序电流。

同理

$$\begin{cases} \dot{I}_{b1} = \alpha^2 \dot{I}_{a1} = \frac{1}{3}\alpha^2 \dot{I}_a \\ \dot{I}_{b2} = \alpha \dot{I}_{a2} = \frac{1}{3}\alpha \dot{I}_a \\ \dot{I}_{b0} = \dot{I}_{a0} = \frac{1}{3}\dot{I}_a \end{cases} \quad \begin{cases} \dot{I}_{c1} = \alpha \dot{I}_{a1} = \frac{1}{3}\alpha \dot{I}_a \\ \dot{I}_{c2} = \alpha^2 \dot{I}_{a2} = \frac{1}{3}\alpha^2 \dot{I}_a \\ \dot{I}_{c0} = \dot{I}_{a0} = \frac{1}{3}\dot{I}_a \end{cases} \tag{12-20}$$

式中：α 为单位长度为 1 的向量按照逆时针方向旋转 $2\pi/3$。

当基波不平衡时，由于有源电力滤波器在治理过程中也会同时将基波负序和零序分量进行治理，只剩下正序分量，结合式（12-19）、式（12-20），三桥臂分别要输出的补偿电流为

$$\begin{cases}\dot{I}_{\mathrm{Fa}}=\dot{I}_{\mathrm{a2}}+\dot{I}_{\mathrm{a0}}=\dfrac{2}{3}\dot{I}_{\mathrm{a}}\\ \dot{I}_{\mathrm{Fb}}=\dot{I}_{\mathrm{b2}}+\dot{I}_{\mathrm{b0}}=-\dfrac{\alpha^2}{3}\dot{I}_{\mathrm{a}}\\ \dot{I}_{\mathrm{Fc}}=\dot{I}_{\mathrm{c2}}+\dot{I}_{\mathrm{c0}}=-\dfrac{\alpha^2}{3}\dot{I}_{\mathrm{a}}\end{cases} \tag{12-21}$$

由此可得该拓扑结构在补偿电流时，三桥臂发出的总瞬时功率为

$$P_{\mathrm{APF}}=P_{\mathrm{a}}+P_{\mathrm{b}}+P_{\mathrm{c}}=u_{\mathrm{sa}}i_{\mathrm{Fa}}+u_{\mathrm{sb}}i_{\mathrm{Fb}}+u_{\mathrm{sc}}i_{\mathrm{Fc}} \tag{12-22}$$

假定电力系统供电电压为标准三相电源，通过式（12-22）可知，该拓扑结构在对零序以及基波不平衡电流进行治理过程中，能量之间的传递仅仅通过变换器拓扑自身，从而使直流母线电压相对稳定。

第三节　三相四线 APF 的电流控制策略

一、矢量谐振控制

图 12-7 为三相四线 APF 矢量谐振控制框图，该控制策略采用电压外环和电流内环相结合的双闭环控制。式（12-23）、式（12-24）为比例谐振控制的传递函数。

$$G_{\mathrm{PR}}(s)=K_{\mathrm{P}}+\frac{2K_{\mathrm{PR}}\omega_{\mathrm{c}}s}{s^2+2\omega_{\mathrm{c}}s+(n\omega_0)^2} \tag{12-23}$$

式中：K_{PR}为比例谐振控制的谐振系数；K_{P} 为比例系数；ω_{c} 为带宽阻尼。

$$G_{\mathrm{VR}}(s)=K_{\mathrm{P}}+K_{\mathrm{VR}}\frac{s(s+R/L)}{s^2+2\omega_{\mathrm{c}}s+(n\omega_0)^2} \tag{12-24}$$

式中：K_{VR}为矢量谐振控制的谐振系数；R 和 L 分别为系统交流侧的等效电阻和电感。

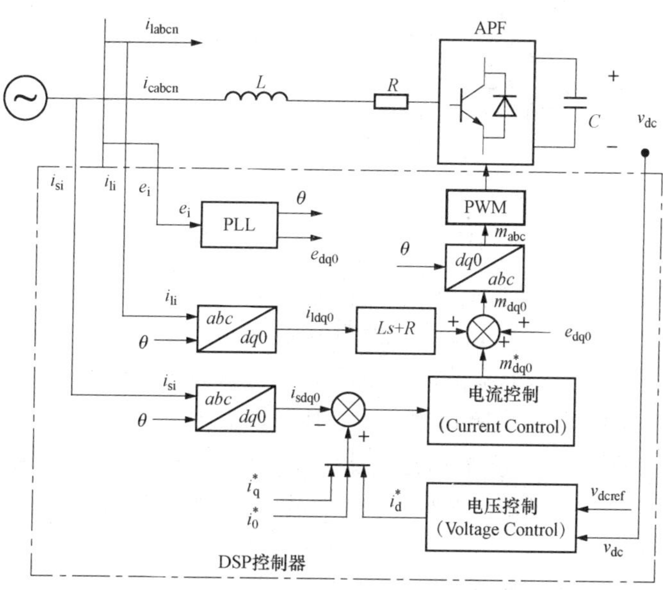

图 12-7　三相四线 APF 矢量谐振控制框图

忽略采样和 PWM 信号延时的影响，采用比例谐振控制和矢量谐振控制的三相四线 APF 的系统开环传递函数分别为

$$G_{\text{op-PR}}(s)=\left(K_{\mathrm{P}}+\sum\frac{2K_{\mathrm{PR}}\omega_{\mathrm{c}}s}{s^{2}+2\omega_{\mathrm{c}}s+(n\omega_{0})^{2}}\right)\times\frac{1}{Ls+R} \tag{12-25}$$

$$G_{\text{op-VR}}(s)=\left(K_{\mathrm{P}}+\sum\frac{K_{\mathrm{VR}}s(s+R/L)}{s^{2}+2\omega_{\mathrm{c}}s+(n\omega_{0})^{2}}\right)\times\frac{1}{Ls+R} \tag{12-26}$$

图 12-8 为式（12-25）和式（12-26）的伯德图，基频 $\omega_0=100\pi\mathrm{rad/s}$，$R=0.1\Omega$，$L=3\mathrm{mH}$，$K_{\mathrm{P}}=1$，$K_{\mathrm{PR}}=1000$，$K_{\mathrm{VR}}=5$，$\omega_{\mathrm{c}}=5n\mathrm{rad/s}$（$n=6$、12、18、24、30）。幅频特性曲线表明，通过调整 K_{PR} 和 K_{VR} 的大小，比例谐振控制和矢量谐振控制均能获得较高增益。相频特性曲线表明，比例谐振控制和矢量谐振控制的谐振频率具有显著差异且矢量谐振控制的稳定裕度高于比例谐振控制。

图 12-9 为闭环控制系统的伯德图，比例谐振控制系统在谐振频率处的增益为 0dB，但在谐振频率附近会出现高频增益，放大 APF 的干扰信号，降低补偿性能。相较于比例谐振控制，矢量谐振控制系统具有更高的增益和带通滤波特性。

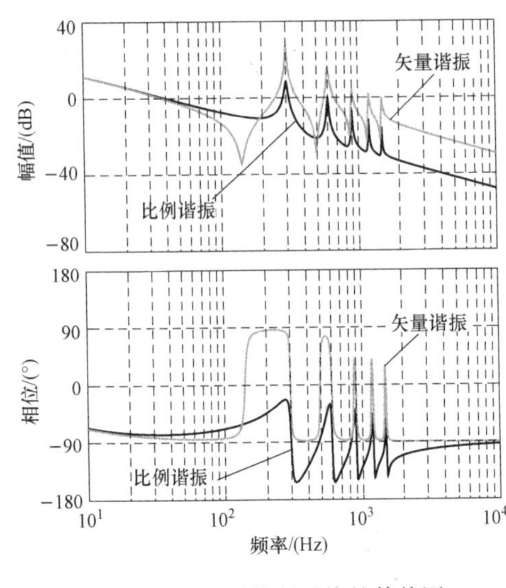

图 12-8　开环控制系统的伯德图

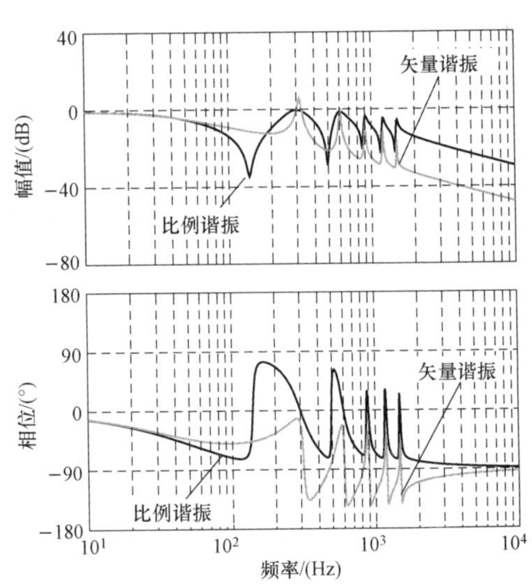

图 12-9　闭环系统的伯德图

图 12-10 和图 12-11 分别为电感 L 从 3mH 增大到 10mH 和 20mH 时，比例谐振控制和矢量谐振控制对应的伯德图。图 12-12 和图 12-13 分别为电阻 R 从 0.1Ω 增大到 1Ω 和 2Ω，比例谐振控制和矢量谐振控制对应的伯德图。

由图可知，当电感 L 或者电阻 R 增大时，比例谐振控制在谐振频率处会存在振幅衰减和相位偏差的问题，从而导致 APF 的运行性能下降。而矢量谐振控制存在的问题很小，可以忽略参数变化对系统性能的影响。可见，矢量谐振控制具有较强的谐波选择性、良好的频率适应能力以及较好的稳定裕度。

二、改进直角坐标下的三维空间矢量调制

空间矢量调制算法一般应用于三相三线制系统，然而三相四线 APF 系统不同于三桥臂系统，连接在系统中的负荷可能是不对称的，所以适用于三相三线制系统的二维空间矢量调

制算法不适用于三相四线 APF 系统，为了让二维空间矢量调制算法适用于三相四线 APF 系统，采用在三维空间坐标下的矢量调制算法（3D-SVPWM）。

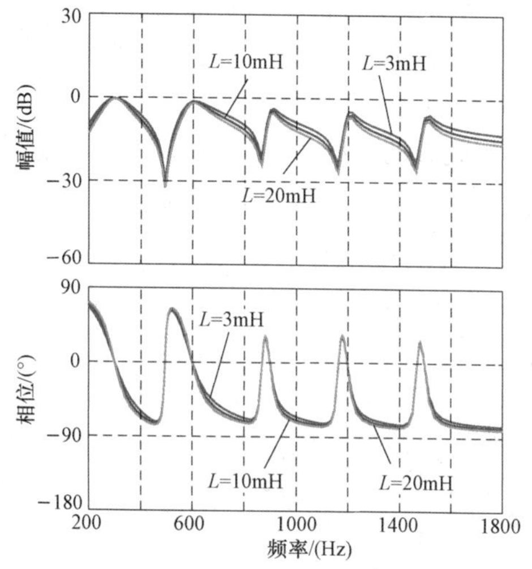

图 12-10　L 增大时，比例谐振控制对应的伯德图

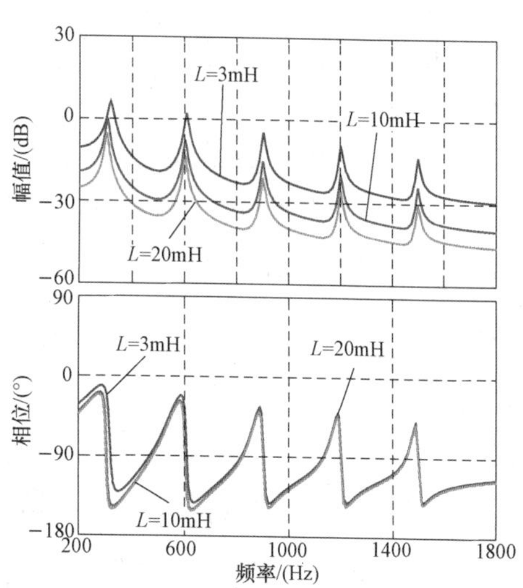

图 12-11　L 增大时，矢量谐振控制对应的伯德图

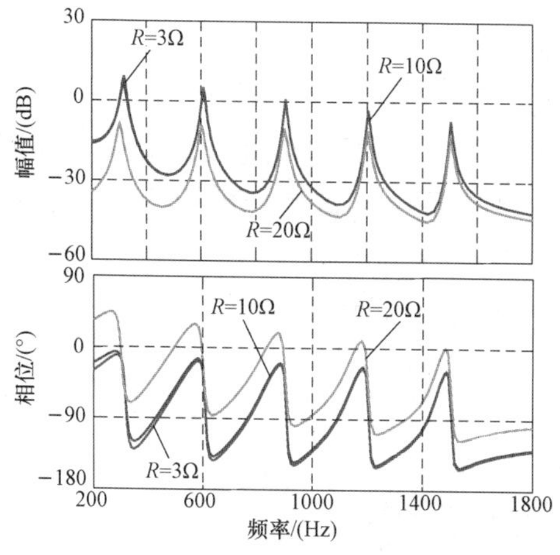

图 12-12　R 增大时，比例谐振控制对应的伯德图

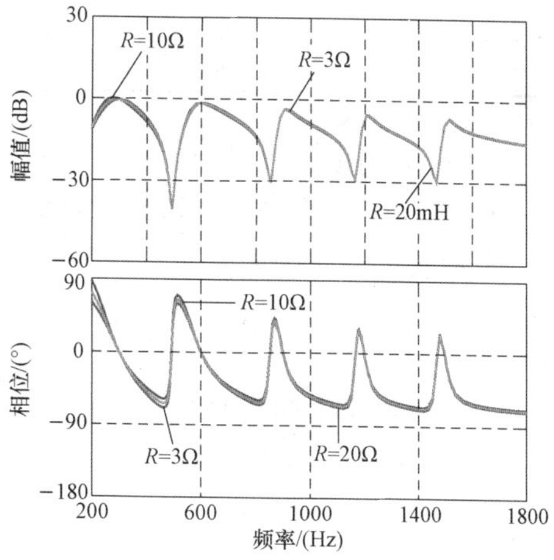

图 12-13　R 增大时，矢量谐振控制对应的伯德图

通常所见的都是在旋转坐标下的 3D-SVPWM。在旋转坐标下需要进行很多根号运算，不仅计算复杂，而且影响数字控制系统的精度，而直角坐标系的 3D-SVPWM 不需要进行坐标变换，下面将对直角坐标系下 3D-SVPWM 做具体分析。

如图 12-14 所示为三相四线 APF 的简化拓扑图。每个桥臂的开关器件用简化的开关代替（图中 S1～S8）。将直流母线电压的标幺值化为 1，作为空间电压矢量。三相四线 APF 拓扑开关用 p 代表上桥臂导通，下桥臂关断的开关状态；用 n 代表下桥臂关断，上桥臂导通的开关状态，这样共有 16 种不同的开关状态。

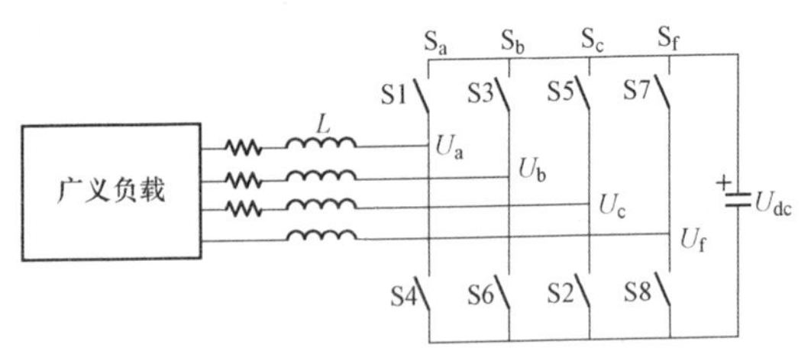

图 12-14 三相四线 APF 的简化拓扑图

（一）三维空间的开关矢量

对于 S_a 桥臂，当它的上桥臂 S1 导通、下桥臂 S4 关断时，这种状态用 1 来表示，此时的空间电压矢量 $U_{af}=1$；当它的上桥臂 S1 关断、下桥臂 S4 导通时，这种状态用 0 来表示，此时的空间电压矢量 $U_{af}=0$；这样就用数字 0 和 1 代表了一个桥臂的两种状态；同理，其他三个桥臂都可以做同样的处理，处理后的结果见表 12-1。

表 12-1　三相四线 APF 逆变器开关状态表

状态	S_a	S_b	S_c	S_f	U_{af}	U_{bf}	U_{cf}	矢量	状态	S_a	S_b	S_c	S_f	U_{af}	U_{bf}	U_{cf}	矢量
1	0	0	0	0	0	0	0	U1	9	0	0	0	1	−1	−1	−1	U9
2	0	0	1	0	0	0	1	U2	10	0	0	1	1	−1	−1	0	U10
3	0	1	0	0	0	1	0	U3	11	0	1	0	1	−1	0	−1	U11
4	0	1	1	0	0	1	1	U4	12	0	1	1	1	−1	0	0	U12
5	1	0	0	0	1	0	0	U5	13	1	0	0	1	0	−1	−1	U13
6	1	0	1	0	1	0	1	U6	14	1	0	1	1	0	−1	0	U14
7	1	1	0	0	1	1	0	U7	15	1	1	0	1	0	0	−1	U15
8	1	1	1	0	1	1	1	U8	16	1	1	1	1	0	0	0	U16

表 12-1 总共列出了 16 个不同的开关状态以及空间电压矢量，将这 16 个不同的空间电压矢量在三维空间坐标系中画出，如图 12-15 所示。U_c 轴的正方向区域分布了 $U_1 \sim U_8$ 这 8 个空间矢量；U_c 轴的负方向区域分布了剩下的 8 个空间矢量。U_5、U_6、U_7、U_8 这四个空间矢量组成了平面 $U_a=1$，U_9、U_{10}、U_{11}、U_{12} 这四个空间矢量端点组成了平面 $U_a=-1$，U_3、U_4、U_7、U_8 这四个空间矢量组成了平面 $U_b=1$，U_9、U_{10}、U_{13}、U_{14} 这四个空间矢量端点组成了平面 $U_b=-1$，U_2、U_4、U_6、U_8 这四个空间矢量端点组成了平面 $U_c=1$，U_9、U_{11}、U_{13}、U_{15} 这四个空间矢量端点组成了平面 $U_c=-1$，这些平面都是与三个坐标轴分别平行的。另外还有六个平面分别为 $U_a-U_b=1$、$U_a-U_b=-1$、$U_b-U_c=1$、$U_b-U_c=-1$、$U_a-U_c=1$、$U_a-U_c=-1$，它们都与直角坐标轴的夹角为 45°。

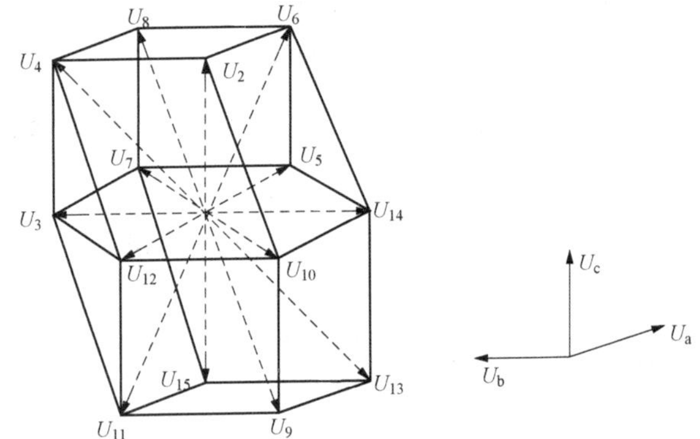

图 12-15 三相四线 APF 在 abc 坐标系下的开关矢量

（二）开关矢量的选择

根据表 12-1 及上述有关平面划分要求，把图 12-15 空间体分解成不同的 24 个空间四面体，根据空间四面体 RP 变量数值的不同，具体的空间四面体分布见图 12-16。

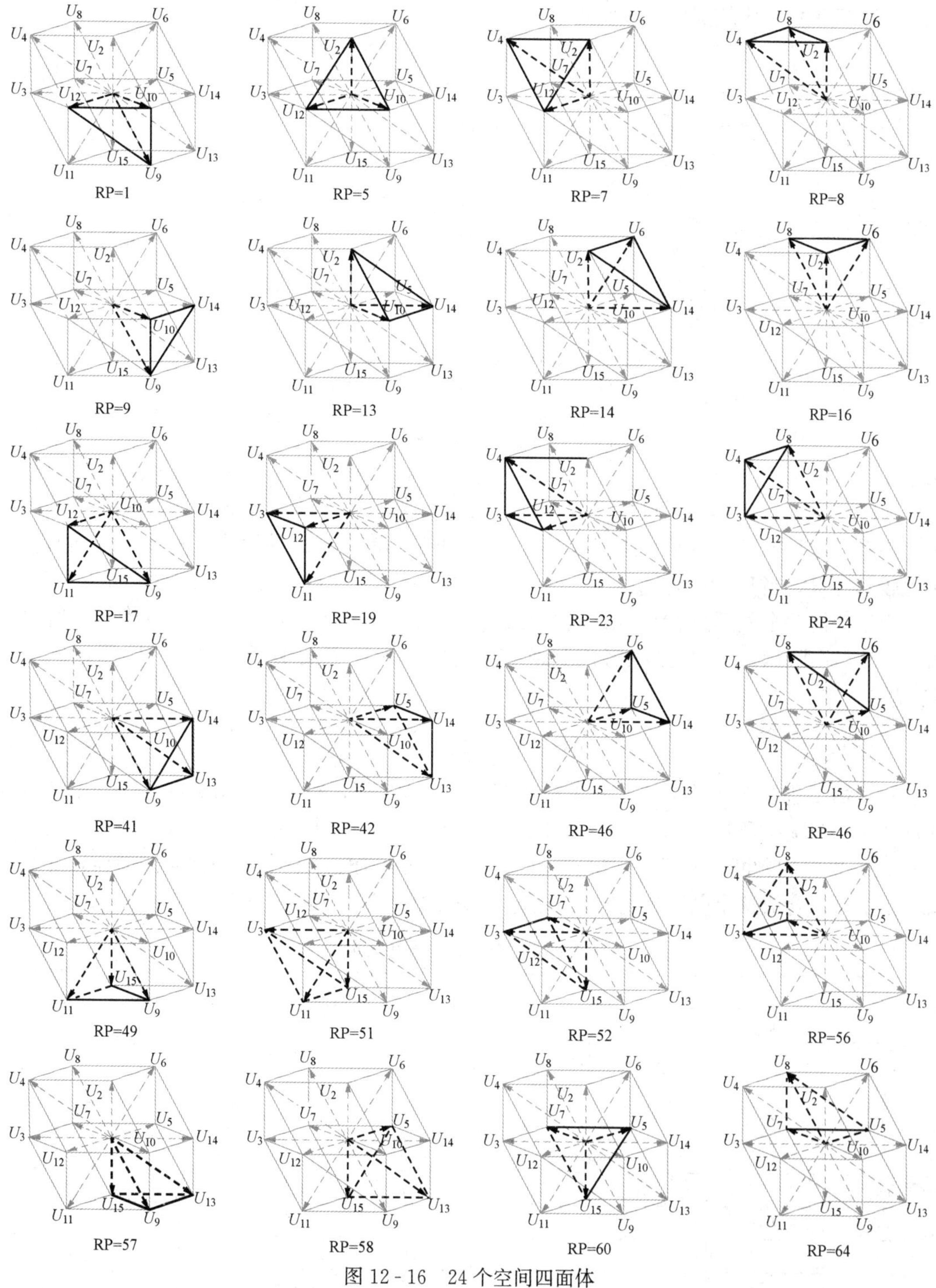

图 12 - 16　24 个空间四面体

从分割的 24 个空间四面体图可以发现，任何一个空间四面体都是通过表 12 - 1 中的三个基本非零矢量再加上两个基本零矢量组成的，因此任何一个需要进行合成的电压空间矢量都必须存在于这 24 个空间四面体的其中一个。

为了便于数字化的实现，假设如下

$$k_1=\begin{cases}1 & (U_{\text{aref}}\geqslant 0)\\0 & (U_{\text{aref}}<0)\end{cases} \tag{12-27}$$

$$k_2=\begin{cases}1 & (U_{\text{bref}}\geqslant 0)\\0 & (U_{\text{bref}}<0)\end{cases} \tag{12-28}$$

$$k_3=\begin{cases}1 & (U_{\text{cref}}\geqslant 0)\\0 & (U_{\text{cref}}<0)\end{cases} \tag{12-29}$$

$$k_4=\begin{cases}1 & (U_{\text{aref}}-U_{\text{bref}}\geqslant 0)\\0 & (U_{\text{aref}}-U_{\text{bref}}<0)\end{cases} \tag{12-30}$$

$$k_5=\begin{cases}1 & (U_{\text{bref}}-U_{\text{cref}}\geqslant 0)\\0 & (U_{\text{bref}}-U_{\text{cref}}<0)\end{cases} \tag{12-31}$$

$$k_6=\begin{cases}1 & (U_{\text{aref}}-U_{\text{cref}}\geqslant 0)\\0 & (U_{\text{aref}}-U_{\text{cref}}<0)\end{cases} \tag{12-32}$$

式中：U_{aref}、U_{bref}、U_{cref}为经过标幺化处理之后的参考电压矢量；k_1 为 U_{aref}是否大于零的变量，当U_{aref}大于零时，则 $k_1=1$，反之 $k_1=0$；同理可得 k_2、k_3 的说明；k_4 为 U_{aref}同 U_{bref}大小比较的变量，当U_{aref}大于U_{bref}，则 $k_4=1$，反之 $k_4=0$；同理可得 k_5、k_6 的说明。

由于任何一个需要进行合成的电压空间矢量都存在于这 24 个空间四面体中，所以式（12 - 27）～式（12 - 32）必须考虑到所有的可能情况。定义用来表示空间四面体的变量 RP 为

$$\text{RP}=1+\sum^{6}k_i\times 2^{i-1} \tag{12-33}$$

每个需要进行合成的电压空间矢量对应于一个 RP 值，每个 RP 值又和相应的每个空间四面体一一对应。所以，给出一个需要进行合成的电压空间矢量，经过式（12 - 27）～式（12 - 32）的空间判断，就可以求出它的 RP 值，继而就确定了它所在的空间四面体，那么也就确定了用来合成这个电压矢量的三个基本开关电压矢量，其所有情况归纳见表 12 - 2。

表 12 - 2　　RP 对应的非零开关电压矢量

RP	U_{d1}	U_{d2}	U_{d3}	RP	U_{d1}	U_{d2}	U_{d3}
1	U_9	U_{10}	U_{12}	41	U_9	U_{13}	U_{14}
5	U_2	U_{10}	U_{12}	42	U_5	U_{13}	U_{14}
7	U_2	U_4	U_{12}	46	U_5	U_6	U_{14}
8	U_2	U_4	U_8	48	U_5	U_6	U_8
9	U_9	U_{10}	U_{14}	49	U_9	U_{11}	U_{15}
13	U_2	U_{10}	U_{14}	51	U_3	U_{11}	U_{15}
14	U_2	U_6	U_{14}	52	U_3	U_7	U_{15}
16	U_2	U_6	U_8	56	U_3	U_7	U_8
17	U_9	U_{11}	U_{12}	57	U_9	U_{13}	U_{15}
19	U_3	U_{11}	U_{12}	58	U_5	U_{13}	U_{15}
23	U_3	U_4	U_{12}	60	U_5	U_7	U_{15}
24	U_3	U_4	U_8	64	U_5	U_7	U_8

通过表 12 - 2 能快速、简便地知道所需合成电压矢量对应的 RP 值和基本电压矢量。如果采用旋转坐标系的话，还需要将直角坐标系下所需合成的电压矢量通过矩阵变换到旋转坐标中，然后再进行所在空间体的判断，而采用直角坐标系，省去了坐标变换，更为方便。

第十三章　分布式能源孤岛检测及共模电流拟制

第一节　概　　述

一、研究背景及意义

分布式能源发电系统引入了双向的电力和信息流，能够保护设备避免自然灾害和错误操作导致的完全故障，提高了传输和配送电能的安全性，以及系统效率。同时，分布式能源具有不依靠电网就能产生电能的优势，不仅可以在非高峰时段将剩余电力出售给电力公司，而且可以有效减少因电网内部故障而导致供电中断的时间。

由于全球对电力行业在环境保护方面的关注持续增加，常规能源的使用受到了限制，而可再生能源是利用绿色能源以克服全球能源问题的最佳选择。水力、风能、太阳能、生物质能、潮汐能等均属于可再生能源。其中，太阳能凭借污染少、噪声低等优势，成为人们主要研究并加以利用的可再生能源之一。而光伏逆变系统是一种典型的利用太阳能发电的分布式能源系统，它有独立运行和并网运行两种运行方式。独立运行的光伏逆变系统直接为负荷供电，与能量存储（电池）系统集成在一起；相反，并网运行的光伏逆变系统将产生的能量输入公用电网，以直接传输、分配和消耗能量，由于不需要储能系统，因此分布式能源光伏并网逆变系统效益更高，它占全球已安装光伏逆变系统的99%以上。

到2014年底，全球太阳能装机容量达到178GW，其中欧洲国家的光伏发电能力在2014年实现了2009年确定的2020年的目标，比目标日期提前了6年；意大利的光伏逆变系统满足了2014年全年电力需求的7.9%。到2016年年底，全球太阳能装机容量已经增加至303GW。而2019年的总装机容量达到540GW，欧洲占158GW。在2020年，太阳能的装机容量达772GW，超过风能装机容量（735GW）。光伏产业已经声明，在有控制的电力增长的前提下，2050年光伏发电将占全球电力需求的21%。

另外，光伏发电系统的日益普及给现有的配电基础设施带来了挑战，例如电源协调、孤岛检测、电压调节，以及共模电流抑制等问题。其中，对于得到广泛应用的非隔离型分布式能源光伏并网逆变系统，有两个主要问题值得研究。第一，由于光伏阵列与大地间存在寄生电容，随着功率器件的开通和关断，系统存在较高的共模电流，而共模电流的产生增加了电网电流总谐波畸变率，增加了系统电磁干扰和系统整体损耗，并威胁人员安全。第二，孤岛是指由于传输线跳闸，设备故障，操作员失误和系统维护等原因，分布式能源光伏并网逆变系统与电网断开而独立为负荷供电的情况。若无法及时检测出孤岛状态，将对维修人员、电网、负荷产生严重影响。因此，解决上述两个主要问题对减小分布式能源光伏并网逆变系统的共模电流，并保证光伏逆变系统安全可靠地并网运行具有重要意义。

二、研究技术现状

由于光伏阵列与大地之间存在寄生电容，而分布式能源光伏并网逆变器输出端与光伏并网逆变器直流母线负极之间的电压不断变化，使得寄生电容两端的共模电压产生波动，进而在光伏阵列与电网之间的电流回路中存在不可避免的共模电流。共模电流产生的危害有：

(1) 造成电网电流畸变，随着高频功率开关管的开通和关断，系统的功率损耗增加，系统效率降低。

(2) 加速光伏阵列的老化，缩短光伏阵列的使用时间。

(3) 共模电流太大会造成共模电感的饱和，降低电磁干扰抑制效果，甚至烧毁共模电感，造成逆变器损坏。

(4) 由于共模电流在光伏阵列、逆变器与大地间流通，当人体不小心接触到逆变器外壳或光伏阵列外壳时，会造成安全隐患。

因此，研究一种有效抑制共模电流并保证系统效率的方法至关重要。国际标准 VDE 0126-1-1 对共模电流突变的有效值及对应断开系统的时间做出了规定，见表 13-1。

表 13-1　　共模电流突变的有效值及对应断开系统的时间

共模电流突变的有效值/mA	36	60	100
断开系统的时间/s	0.3	0.15	0.04

(1) 光伏逆变系统的共模电流。因为非隔离型分布式能源光伏并网逆变器质量较小、所占空间较小、耗资较低，且能提高 1%～2%的系统效率，所以得到普遍应用。但是，光伏阵列与大地之间存在寄生电容，而在非隔离型拓扑中光伏阵列与电网之间又存在电流通路，随着功率器件的开通和关断，逆变器输出端与直流母线负端之间的共模电压产生波动，共模电压的变化又引起共模回路中寄生电容和电感充放电状态的变化，电容和电感形成谐振，产生了共模电流，如图 13-1 所示。

共模电流的存在，会对电网的电能质量、光伏阵列的使用寿命、系统损耗以及人身安全造成一系列的危害。因此，当系统共模电流超过 300mA 时，分布式能源光伏并网逆变器必须在 0.3s 内与电网断开连接。为了抑制系统共模电流，研究人员提出了多种解决方法。

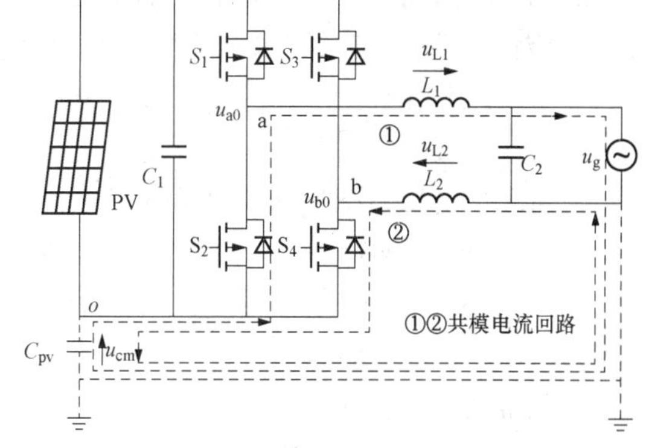

图 13-1　单相分布式能源光伏并网逆变器共模电流回路示意图

对于结构简单，成本较低，应用广泛的传统全桥拓扑，可采用单极性、双极性和混合式三种调制方式。在单极性调制和混合调制的情况下，滤波器两端将产生三电平电压，从而产生较低的$\left(\frac{\mathrm{d}u}{\mathrm{d}t}\right)$（铁耗）。但是，由于共模电压变化频率较高，这两种情况下系统的共模电流较大。在双极性调制的情况下，会产生两电平电压，从而产生更高的$\left(\frac{\mathrm{d}u}{\mathrm{d}t}\right)$（铁耗）。由于共模电压保持不变，因此共模电流明显得到抑制。但是增加的$\left(\frac{\mathrm{d}u}{\mathrm{d}t}\right)$（铁耗）使得系统效率低于单极性调制的情况。为此，研究人员开始提出各种新型拓扑，在抑制共模电流的同时，改善系统效率。

艾思玛太阳能技术股份（SMA）公司提出了 H5 拓扑，该拓扑在全桥拓扑的基础上引入一个额外的开关管，实现光伏阵列与电网的电气隔离，但由于开关寄生电容的存在，共模谐振回路仍导通，共模电流无法完全避免，且在正/反向导通阶段均有三个开关管导通，增加了导通损耗。尚维斯（Sunways）公司提出了 Heric（高效可靠的逆变器概念）拓扑，使用了两个背靠背连接的 IGBT，在交流侧增加了一条旁路支路，与 H5 拓扑类似，这是为了实现光伏阵列与电网的电气隔离，虽然共模电流得到抑制，但是需要额外引入两个开关管。目前还有改进的 H6 拓扑非隔离单相分布式能源光伏并网逆变器拓扑，该拓扑在传统单相全桥逆变器拓扑中增加了两个开关管，使得系统无论是从电网吸收无功功率，还是向电网输送无功功率，系统共模电压均保持不变，从而达到抑制共模电流的效果，有效解决了传统 H6 拓扑在从电网吸收无功功率时，系统共模电压波动，共模电流较大的问题。另外，还有一种改进的 H5 并网逆变器拓扑，高频开关管使用 MOSFET 代替 IGBT，减小了系统损耗，增加了系统效率，在续流阶段隔离光伏阵列与电网，有效抑制了共模电流，并且消除了死区时间，提高了逆变器输出电能的质量。

由上述分析可知，H5、Heric 等电气隔离型拓扑在续流阶段将光伏阵列与电网断开，理论上可达到抑制共模电流的效果，但实际由于开关寄生电容的存在，这些拓扑无法完全避免共模电流。而 H6 拓扑及改进的 H6 拓扑等共模电压钳位型拓扑引入额外的开关管，增加了复杂性和系统损耗，降低了效率。因此，本节将提出一种新型非隔离单相分布式能源光伏并网逆变拓扑，在保证共模电压在开关周期内保持不变的前提下，不引入额外的开关管，有效提高系统效率。

（2）光伏逆变系统的孤岛检测。孤岛是由于输电线路跳闸、设备故障、操作失误、系统维护等原因，导致分布式能源光伏并网逆变系统与电网断开连接，独立为负荷提供电能的一种状态。当分布式能源光伏并网逆变系统处于孤岛状态，在没有相关控制或没有保护措施的情况下，将产生以下危害：

1）当光伏逆变系统独立为负荷提供电能时，由于失去了电网的钳制作用，光伏逆变系统输出功率与负荷所需功率可能存在不匹配的问题，使得分布式能源输出电能质量下降。若光伏逆变系统输出功率过低，则无法满足用户需求，若光伏逆变系统输出功率过高，则将破坏用户设备，造成设备损坏。

2）正常情况下，光伏逆变系统应随着大电网的断电而断电。但是，系统处于孤岛状态时，由于光伏逆变系统仍然向负荷供电，系统局部线路仍然带电，若维修人员触及这些线路，将对维修人员造成安全隐患，威胁生产线工人的安全。

3）当电网准备重新接入时，由于光伏逆变系统单独向负荷供电，线路中仍存在较大电流，且光伏逆变系统的相位与电网的相位可能存在偏差，影响电网重合闸，进而导致设备损坏或线路重新跳闸。

不同国家制定了关于孤岛检测不同的规范，见表 13-2，其中 IEC 62116 为并网连接式光伏逆变器孤岛防护措施测试方法，UL 1741 为光伏产品的 UL 安规标准，IEEE 1547 为分布式资源与电力系统的互联标准，IEEE 929 为住宅和中间光电（PV）系统设备接口的推荐实施规程，VDE 0126-1-1 为德国标准，即连接到公共低压电网的自动断开装置的要求。

表 13-2　孤岛检测的规范

国际标准	品质因数	检测时间 t(s)	频率 f(Hz) 范围	电压 U(%) 范围
IEC 62116	1	$t<2$	$f_0-1.5\leqslant f\leqslant f_0+1.5$	$85\%\leqslant U\leqslant 115\%$
UL 1741	2.5	$t<2$	$59.3\leqslant f\leqslant 60.5$	$88\%\leqslant U\leqslant 110\%$
IEEE 1547	1	$t<2$	$59.3\leqslant f\leqslant 60.5$	$88\%\leqslant U\leqslant 110\%$
IEEE 929	2.5	$t<2$	$59.3\leqslant f\leqslant 60.5$	$88\%\leqslant U\leqslant 110\%$
VDE0126-1-1	2	$t<0.2$	$47.5\leqslant f\leqslant 50.5$	$88\%\leqslant U\leqslant 110\%$

孤岛检测方法主要可分为被动检测法和主动检测法两类。

1）被动检测法是根据 PCC 处电压幅值、频率、谐波含量、相角偏移量等参数的变化来检测孤岛效应的。如果系统处于孤岛运行状态，但 PCC 处参数波动在允许范围内，被动检测法将无法检测出孤岛状态，即陷入检测盲区。为了减小被动检测法的检测盲区，首先可以将支持向量机与频率变化率结合起来，通过在不同运行条件下生成大量离线动态仿真来获得系统电压、频率和角速度等特征。然后将提取的特征作为支持向量机的输入，以此将事件分类为孤岛或非孤岛。仿真结果表明，该方法具有 98%以上的准确性。

有的检测是将遗传算法和 BP 神经网络相结合，对光伏逆变器输出的电流变化率、电压变化率和频率变化率进行采样，将该组数据输入 BP 神经网络，利用遗传算法对 BP 神经网络进行训练，训练成熟的神经网络即可与逆变器配合共同完成孤岛检测。还有一种自动接地方法，系统由标准分配设备和重合闸控制器构成，将该方法在公用配电测试线上进行测试，结果表明，当系统自动接地时，分布式能源在过电流保护下的 1 个周期内可与电网断开连接。除此之外，小波变换与人工神经网络相结合，利用多分辨率奇异谱熵分析孤岛特征以及采用经验模式进行分解等多种方法也被用于被动孤岛检测技术以减小检测盲区。

2）主动检测法是通过引入高频信号或其他扰动使 PCC 处参数发生变化来检测孤岛效应的。主动检测法的检测盲区较小，但是引入的周期性扰动降低了逆变器输出电能的电能质量。

有的检测技术将滑模频移法与相位突变检测方法相结合，通过引入适量的相位扰动，使得 PCC 处相位和频率发生变化并超出标准范围，由此判定孤岛的发生。有的检测技术是将高频信号引入多个逆变器的主动检测方法，该方法选用一个逆变器作为主机，连续注入高频信号进行孤岛检测，而其余逆变器使用高频电流消除策略检测孤岛。由于高频信号不会在逆变器中产生回路，这种方法避免了逆变器之间的干扰，可用于多机并联的场合。另外，有些检测提出了一种频率和相位突变检测结合阻抗测量检测的混合式孤岛检测方法，在被动检测法进入检测盲区时采用主动检测法，克服了频率和相位突变检测法检测盲区较大的问题。

由上述分析可知，被动检测虽然成本低、实现简单，但是其检测盲区较大，且需要设置合理的阈值，阈值过低将引起不必要的跳闸，阈值过高将导致孤岛检测失败；而主动检测法虽然能有效减小检测盲区，但是对系统输出电能的电能质量影响较大。因此，本节提出了一种新型混合式分布式能源光伏并网逆变系统孤岛检测方法，当被动检测法陷入检测盲区时，引入无功功率扰动，破坏光伏逆变器输出功率与负荷所需功率匹配的现象，从而达到孤岛检测的目的。该方法综合了被动检测法易于实现和主动检测法检测盲区小的优点，并在较短时间内即可完成孤岛检测任务。

第二节　光伏并网逆变系统的共模电流分析

本节基于分布式能源光伏并网逆变系统的整体结构，对各组成部分及其功能进行简要阐述，主要针对光伏逆变器在并网运行时存在较大共模电流这一问题展开分析与研究。本节以传统单相全桥逆变电路作为研究对象，分别从时域和频域角度分析共模电流产生的原因，同时，在单极性调制和双极性调制这两种不同调制方式下，对电路产生共模电流的原理及共模电流的大小进行对比分析。

一、光伏并网逆变系统的结构

分布式能源光伏并网逆变系统结构包括光伏阵列、最大功率点跟踪（Maximum Power Point Tracking，MPPT）模块、逆变器、电网及负荷，如图 13 - 2 所示。光伏阵列为系统输入直流电，MPPT 模块负责跟踪光伏阵列的最大功率点，保证为系统输入最大功率，输入的直流电可以为直流负荷供电，也可以通过光伏逆变器，将输入的直流电转化为交流电，为交流负荷供电，多余电能输入电网。

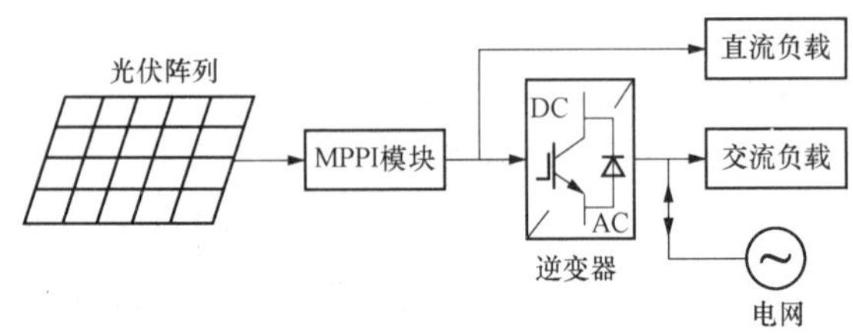

图 13 - 2　分布式能源光伏并网逆变系统结构

（1）光伏阵列：将照射到阵列表面的太阳能转化为电能，为系统输入直流电，其输出功率与电压的关系呈非线性，如图 13 - 3 所示。

（2）MPPT 模块：针对光伏阵列的输出特性，采用适当的 MPPT 算法，跟踪光伏阵列的最大功率点，同时，针对天气变化、局部遮挡等情况，实现全局最大功率点跟踪，保证向系统输入最大功率，提高发电效率。

（3）逆变器：将光伏阵列输出的直流电转化为交流电，向交流负荷供电的同时将多余电能输入电网，当分布式能源光伏并网逆变器输出电能无法满足交流负荷需求时，由电网向交流负荷补充供电。

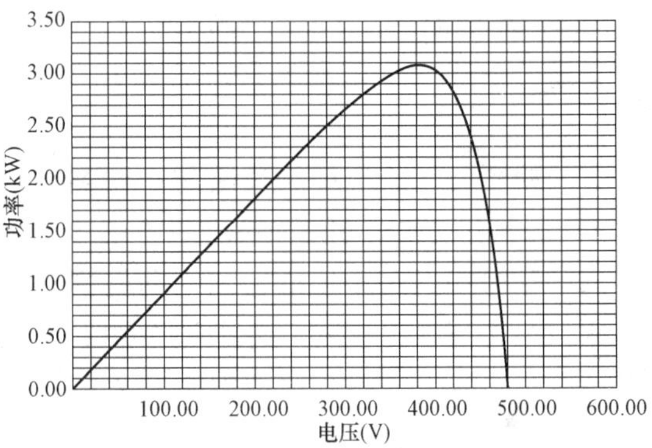

图 13 - 3　光伏阵列输出特性

二、共模电流原理分析

（一）共模电流的时域分析

基于分布式能源光伏并网逆变系统的整体结构，以单相全桥逆变拓扑作为图 13 - 4 中逆变器拓扑，对系统的共模电流原理进行分析。传统单相全桥并网逆变器的结构如图 13 - 5 所示，光伏阵列与大地间存在寄生电容 C_{pv}，该寄生电容通过逆变器与滤波元件 L_1、L_2、C_2及电网（电网电压为 u_g）构成共模回路，u_{ao}、u_{bo}分别为两桥臂中点 a、b 至 o 点的电压，u_{L1}、u_{L2}分别为滤波电感 L_1、L_2的电压，u_{cm}、i_{cm}为共模回路中的共模电压和共模电流。

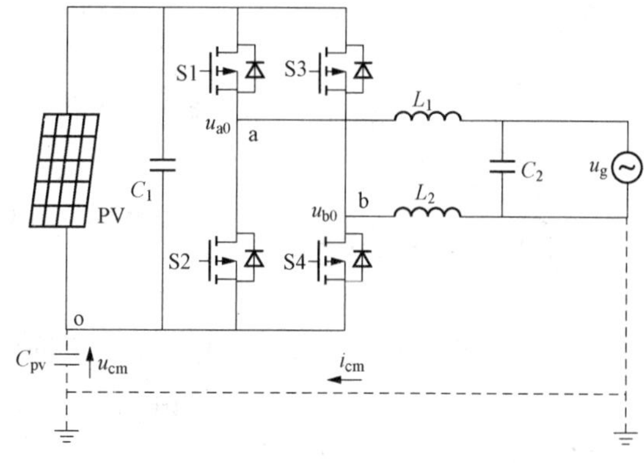

图 13-4　单相全桥分布式能源光伏并网逆变器

在单相全桥并网逆变器中，共模电流流通回路如图 13-5 所示。根据基尔霍夫电压定律，两个共模电流流通回路的电压方程为

$$\begin{cases} -u_{ao}+u_{L1}+u_g+u_{cm}=0 \\ -u_{bo}-u_{L2}+u_{cm}=0 \end{cases} \quad (13-1)$$

将（13-1）中两式相加可得

$$2u_{cm}=u_{bo}+u_{ao}-u_{L1}+u_{L2}-u_g \quad (13-2)$$

若滤波电感对称，且两者的电压相等，即 $u_{L1}=u_{L2}$，式（13-2）可化简为

$$u_{cm}=\frac{u_{ao}+u_{bo}}{2}-\frac{u_g}{2} \quad (13-3)$$

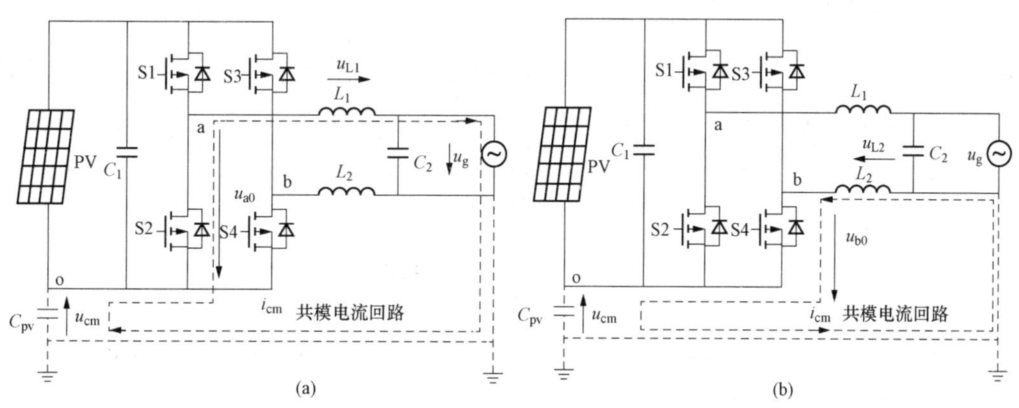

图 13-5　传统单相全桥并网逆变器的结构

（a）共模电流流通回路 1；（b）共模电流流通回路 2

由于电网电压 u_g为 50Hz 或 60Hz 的工频电压，而 u_{ao}、u_{bo}一般为 10～20kHz 的 PWM 调制电压，因此可忽略电网电压在寄生电容上产生的共模电流，共模电流主要是由 u_{ao}、u_{bo}的作用产生的，则在式（13-3）中，共模电压可近似为

$$u_{cm}=\frac{u_{ao}+u_{bo}}{2} \quad (13-4)$$

共模电压在寄生电容上将产生共模电流 i_{cm}为

$$i_{cm}=C_{pv}\frac{du_{cm}}{dt} \quad (13-5)$$

（二）共模电流的频域分析

进一步从频域角度分析，对于图 13-4 的全桥拓扑，当 S1 导通时，$u_{ao}=U_{pv}$、$u_{bo}=0$，当 S3 导通时，$u_{ao}=0$、$u_{bo}=U_{pv}$，因此可将 u_{ao}、u_{bo}等效成幅值最大值为 U_{pv}，幅值最小值为

0，频率为开关频率的方波电压源；同时将直流侧视为短路，保留共模元件可得共模电流分析等效电路，如图 13-6 所示，i_1、i_2分别为等效方波电源 u_{ao}、u_{bo}所在支路电流。

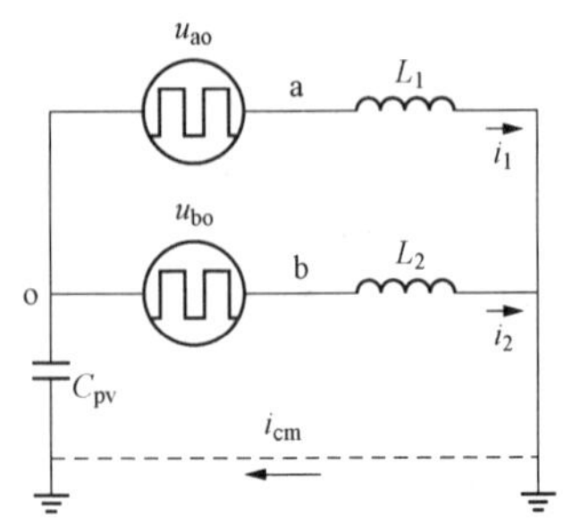

图 13-6 共模电流分析等效电路

首先，考虑 u_{ao}单独作用，将 u_{bo}视为短路，根据基尔霍夫电流定律可得

$$i_1+i_2=i_{cm} \tag{13-6}$$

由并联支路电压关系可得

$$u_{ao}+j\omega L_1 i_1=j\omega L_2 i_2=-\frac{i_{cm}}{j\omega C_{pv}} \tag{13-7}$$

式中：ω 为电网电压角频率。

由式（13-6）和式（13-7）得 u_{ao}单独作用时共模电流为

$$i_{cma}=\frac{j\omega L_2 C_{pv} u_{ao}}{L_1+L_2-\omega^2 L_1 L_2 C_{pv}} \tag{13-8}$$

同理 u_{bo}单独作用时共模电流 i_{cmb}为

$$i_{cmb}=\frac{j\omega L_1 C_{pv} u_{bo}}{L_1+L_2-\omega^2 L_1 L_2 C_{pv}} \tag{13-9}$$

根据叠加定理可得共模电流 i_{cm}为

$$i_{cm}=i_{cma}+i_{cmb}=\frac{j\omega C_{pv}(L_2 u_{ao}+L_1 u_{bo})}{L_1+L_2-\omega^2 L_1 L_2 C_{pv}} \tag{13-10}$$

若滤波电感对称，即 $L_1=L_2=L$，式（13-10）可化简为

$$i_{cm}=\frac{j\omega C_{pv}}{2-\omega^2 LC_{pv}}(u_{ao}+u_{bo}) \tag{13-11}$$

则从 i_{cm}至 $u_{ao}+u_{bo}$的传递函数为

$$H(s)=\frac{i_{cm}}{u_{ao}+u_{bo}}=\frac{j\omega C_{pv}}{2+(j\omega)^2 LC_{pv}} \tag{13-12}$$

将参数 $L=3\text{mH}$，$C_{pv}=200\text{nF}$，代入式（13-12），$H(s)$ 对应的伯德图如图 13-7 所示。

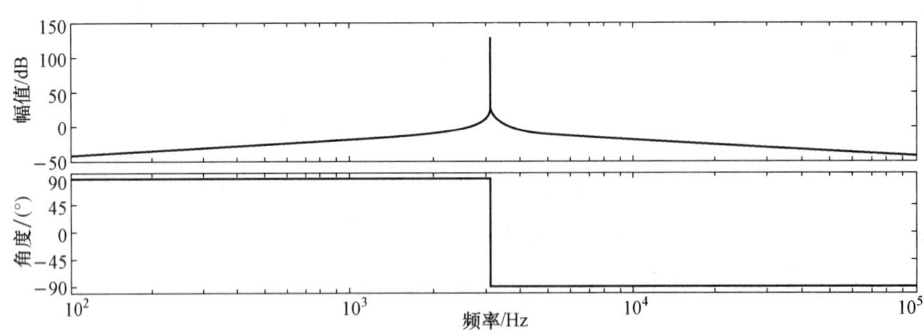

图 13-7 $H(s)$对应的伯德图

由图可知，对于单相全桥分布式能源光伏并网逆变器，由于寄生电容与滤波元件构成的回路产生谐振，因此将产生较大的共模电流。

综上可知，分布式能源光伏并网逆变系统在并网运行时不可避免地存在较大的共模电流，同时由式（13-5）可知，系统共模电流的产生与寄生电容及共模电压的变化有关，寄生电容存在于光伏阵列与电网之间，取决于光伏板固有属性，难以去除，因此，共模电压的变

化是共模电流产生的主要原因。共模电压的变化又同共模电压幅值、系统开关频率有关。又因为开关频率取决于系统性能，一般难以改变，因此，减小共模电压幅值变化成为抑制共模电流的关键。

三、不同调制方式下的共模电流分析

共模电流产生的主要原因是共模电压幅值的变化，因此，对不同调制方式下单相全桥分布式能源光伏并网逆变系统的共模电压变化情况及共模电流大小展开研究。

（一）单极性调制方式下的共模电流分析

对于图 13-4 所示的单相全桥分布式能源光伏并网逆变器，主要研究其共模电压的变化情况，因此采用单极性调制方式时，仅在电网电压正半周期对系统进行分析，电网电压负半周期的情况与之类似。

当开关管 S1 和 S4 导通时，如图 13-8（a）所示，此时系统的共模电压为

$$u_{cm}=\frac{1}{2}(u_{ao}+u_{bo})=\frac{1}{2}(U_{pv}+0)=\frac{U_{pv}}{2} \tag{13-13}$$

当开关管 S2 和 S4 导通时，如图 13-8（b）所示，此时系统的共模电压为

$$u_{cm}=\frac{1}{2}(u_{ao}+u_{bo})=\frac{1}{2}(0+0)=0 \tag{13-14}$$

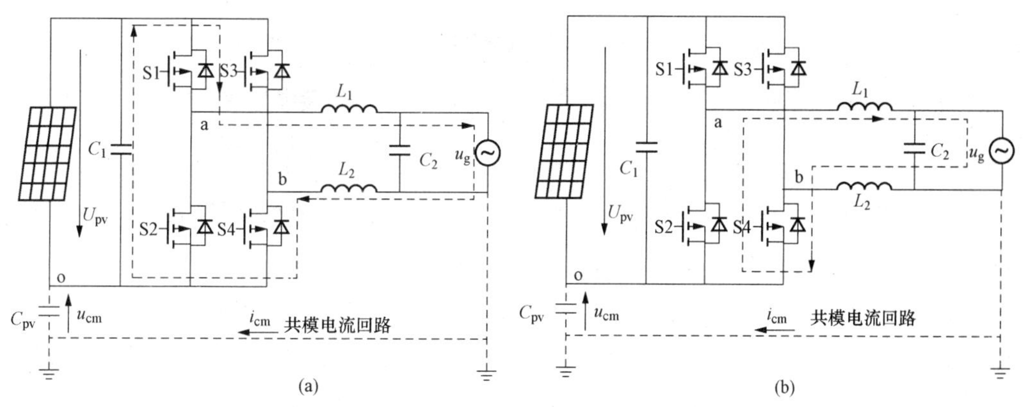

图 13-8 单极性调制导通电流回路

（a）导通电流回路 1；（b）导通电流回路 2

因此，单相全桥分布式能源光伏并网逆变器的共模电压在开关周期内不断变化，其幅值在 $U_{pv}/2$ 和 0 之间随高频开关频率不断变化，由式（13-5）可知，系统将产生较大共模电流。在单极性调制方式的系统共模电流仿真测试结果，如图 13-9 所示。

由图可知，对于单极性调制的单相全桥分布式能源光伏并网逆变系统，由于开关周期内共模电压发生变化，系统产生共模电流，同时，由于共模电压幅值随开关频率变化，共模电流大小可达数安培，若系统开关频率进一步提高，系统共模电流大小将进一步增大，对电网及负荷将产生不可忽略的影响。

（二）双极性调制方式下的共模电流分析

对双极性调制方式下系统的共模电压变化情况及共模电流大小进行研究发现，在电网电压正半周期时，开关管 S1 和 S4 导通，与图 13-8（a）一致，系统的共模电压同式（13-13）。

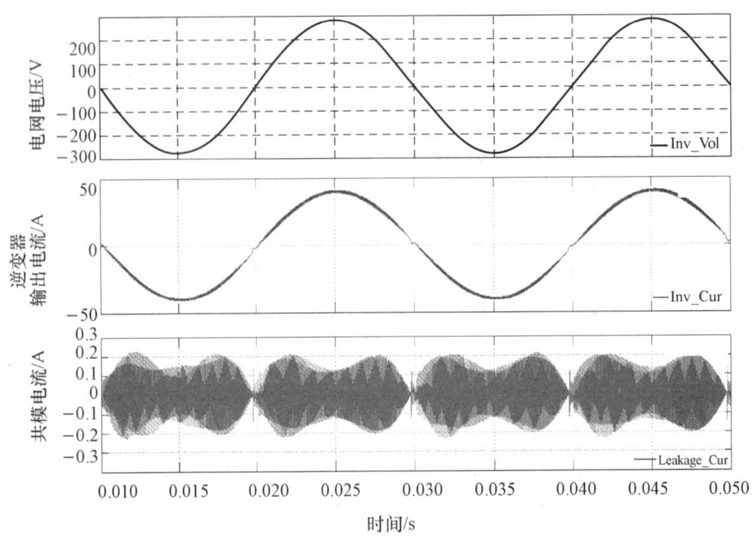

图 13-9 单极性调制方式下的系统共模电流仿真测试结果

当开关管 S1 和 S4 关断，开关管 S2 和 S3 导通时，由于存在死区，开关管 S2 和 S3 未完全导通，如图 13-10（a）所示，令开关管的管压降为 U_0，此时，系统的共模电压为

$$u_{cm}=\frac{1}{2}(u_{ao}+u_{bo})=\frac{1}{2}(-U_0+U_{pv}+U_0)=\frac{U_{pv}}{2} \tag{13-15}$$

在电网电压负半周期时，开关管 S2 和 S3 导通，系统的共模电压为

$$u_{cm}=\frac{1}{2}(u_{ao}+u_{bo})=\frac{1}{2}(0+U_{pv})=\frac{U_{pv}}{2} \tag{13-16}$$

当开关管 S2 和 S3 关断，开始进入下个周期时，由于存在死区，开关管 S1 和 S4 未完全导通，如图 13-10（b）所示，此时，系统的共模电压为

$$u_{cm}=\frac{1}{2}(u_{ao}+u_{bo})=\frac{1}{2}(U_{pv}+U_0-U_0)=\frac{U_{pv}}{2} \tag{13-17}$$

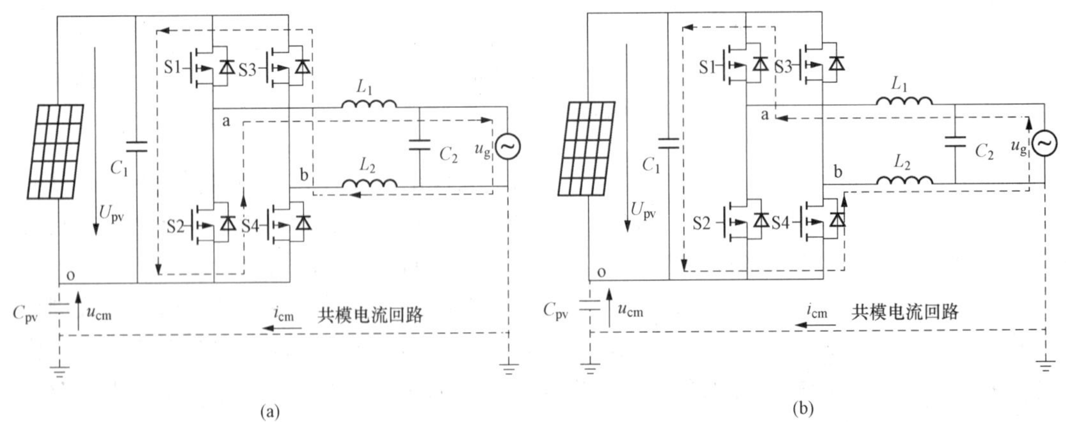

图 13-10 双极性调制方式下环流过渡状态

（a）死区状态 1；（b）死区状态 2

经分析可知，对于双极性调制的单相全桥分布式能源光伏并网逆变系统，由于开关周期内共模电压基本保持不变，由式（13-5）可知系统产生的共模电流将明显减小，双极性调制

下的系统的共模电流仿真测试结果如图 13 - 11 所示。

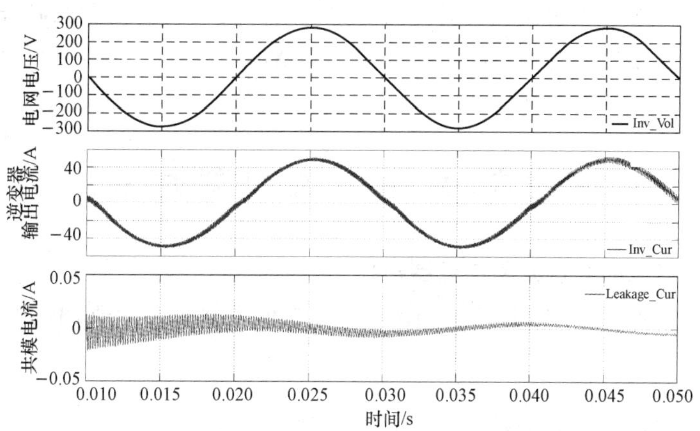

图 13 - 11　双极性调制方式下的系统共模电流仿真测试结果

双极性调制的单相全桥分布式能源光伏并网逆变系统的共模电流明显减小，并逐渐趋于零，但是在该种调制方式下系统依然存在许多问题，为了方便说明，分别测得了两种调制方式下系统共模电流波形如图 13 - 12 所示。

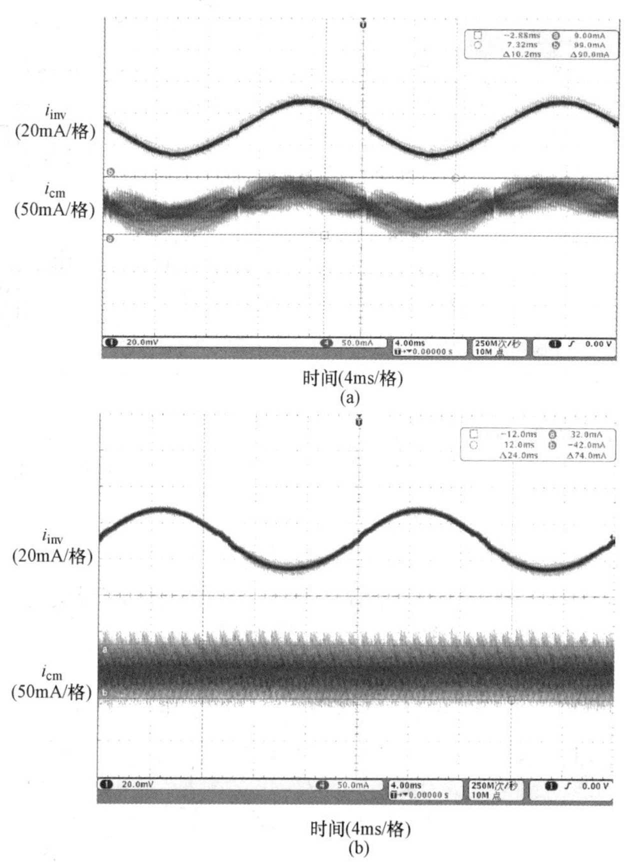

图 13 - 12　两种调制方式下系统共模电流波形

(a) 单极性调制；(b) 双极性调制

由图可知，与单极性调制方式相比较，双极性调制方式下系统共模电流得到抑制，但是系统开关管均以开关频率开通和关断，损耗增加 1 倍；同时，双极性调制方式下系统输出的交流电压在U_{pv}和$-U_{pv}$之间变化，产生的电流纹波增加了 1 倍，使得交流滤波电感上的损耗增加，增加了对电磁兼容的抑制难度。

第三节　共模电流抑制方法

一、抑制共模电流的光伏并网逆变器拓扑

本节主要介绍两种拓扑结构及其工作原理，为对比分析本节提出的新型拓扑提供理论依据。

（一）H5 拓扑及其工作原理

H5 拓扑结构及其开关时序如图 13 - 13 和图 13 - 14 所示。S1 和 S3 分别在电网电流的正半周期和负半周期导通，S4 和 S5 在电网电流的正半周期以开关频率开断，而 S2 和 S5 在电网电流的负半周期以开关频率开断。

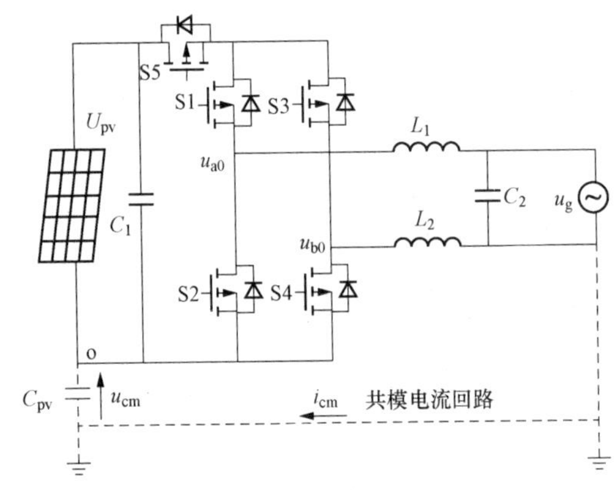

图 13 - 13　H5 拓扑结构

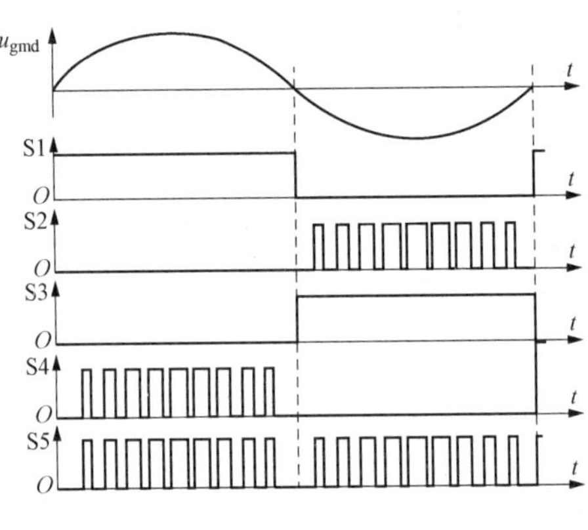

图 13 - 14　H5 拓扑开关时序

H5 拓扑在一个开关周期内的工作状态如下：

（1）状态 1。开关管 S1、S4 和 S5 导通，如图 13 - 15（a）所示，可得

$$u_{cm}=\frac{1}{2}(u_{ao}+u_{bo})=\frac{1}{2}(U_{pv}+0)=\frac{U_{pv}}{2} \tag{13 - 18}$$

（2）状态 2。S4 和 S5 关断，电感L_1和L_2通过 S3 的续流二极管进行放电而构成电流回路，如图 13 - 15（b）所示，可得

$$u_{cm}=\frac{1}{2}(u_{ao}+u_{bo})=\frac{1}{2}\left(\frac{U_{pv}}{2}+\frac{U_{pv}}{2}\right)=\frac{U_{pv}}{2} \tag{13 - 19}$$

（3）状态 3。S1 关断，S2、S3 和 S5 处于导通状态，如图 13 - 15（c）所示，可得

$$u_{cm}=\frac{1}{2}(u_{ao}+u_{bo})=\frac{1}{2}(0+U_{pv})=\frac{U_{pv}}{2} \tag{13 - 20}$$

（4）状态 4。S2 和 S5 关断，电感L_1和L_2通过 S1 的续流二极管放电而形成回路，如图 13 - 15（d）所示，可得

$$u_{cm}=\frac{1}{2}(u_{ao}+u_{bo})=\frac{1}{2}\left(\frac{U_{pv}}{2}+\frac{U_{pv}}{2}\right)=\frac{U_{pv}}{2} \tag{13-21}$$

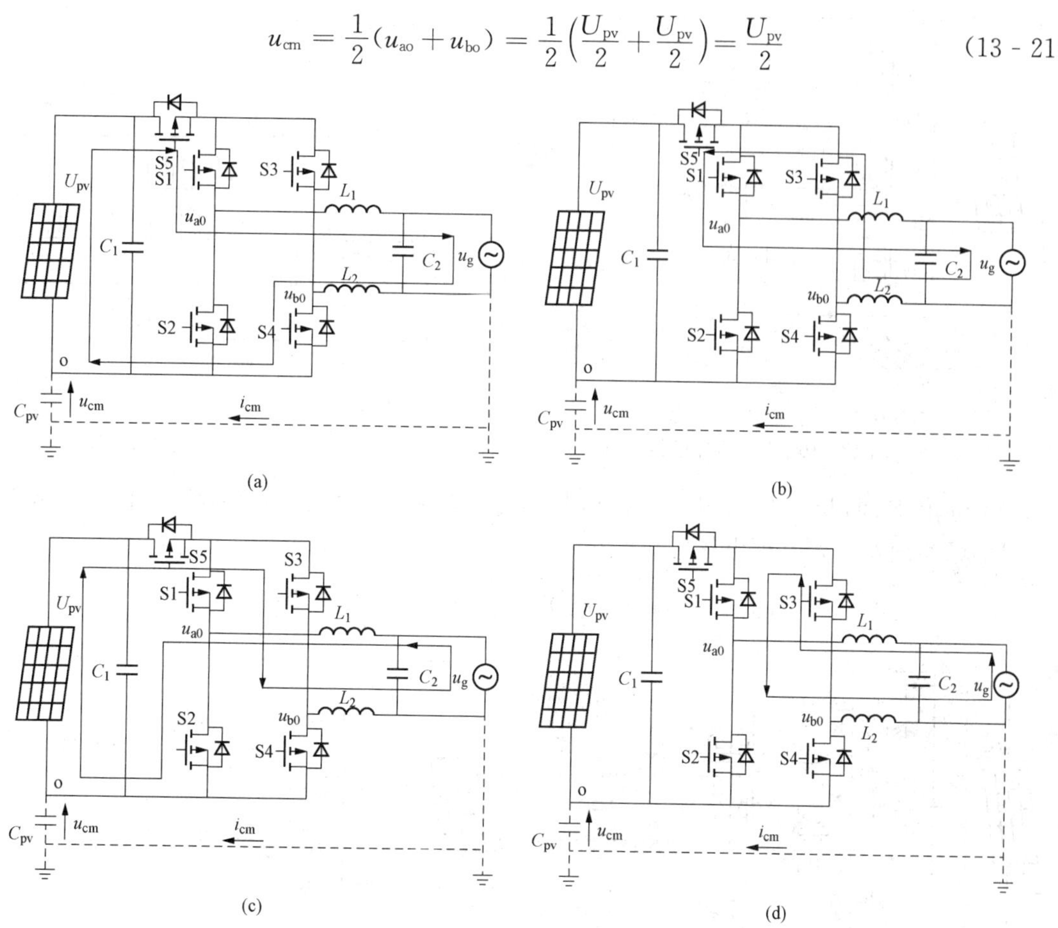

图 13 - 15　H5 拓扑工作原理

（a）S1、S4 和 S5 导通；（b）S1 仍导通，S4 和 S5 关断；（c）S2、S3 和 S5 导通；（d）S3 仍导通，S2 和 S5 关断

从以上分析可以看出，当 H5 拓扑逆变器处于有效输出状态时，即 S1、S4、S5 或 S2、S3、S5 导通时，共模电压保持不变。当开关管 S5、S2 和 S4 关断且 $u_{ab}=0$ 时，逆变器输出端 a 和 b 处于悬浮状态，由于 IGBT 模块寄生电容的存在，光伏阵列和电网并未完全断开，共模电流回路仍然存在。寄生电容的参数较小，相应的电容电抗较大且近似为无穷大，则有 $u_{ao}\approx u_{bo}\approx U_{pv}/2$。根据式（13 - 21），此时的共模电压为 $u_{cm}\approx U_{pv}/2$。尽管 H5 拓扑无法真正实现电气隔离，但共模电压在开关周期内基本保持不变，并且共模电流得到有效抑制。

（二）H6 拓扑及其工作原理

H6 拓扑结构及其开关时序如图 13 - 16、图 13 - 17 所示。在此拓扑中，开关管 S1、S2、S3 和 S4 以开关频率开断。S1 和 S4 同时导通，而 S2 和 S3 同时关断，并且在每半个电网周期内这两对开关管交替导通。开关管 S5 和 S6 具有与电网频率相同的工作频率，并且 S5 和 S6 交替导通半个电网电压周期的时间。

H6 拓扑在电网电压正半周期的工作原理如下。当 S1、S4 和 S6 接通时，电流流通回路如图 13 - 18（a）所示，可得

$$u_{cm}=\frac{1}{2}(u_{ao}+u_{bo})=\frac{1}{2}(U_{pv}+0)=\frac{U_{pv}}{2} \tag{13-22}$$

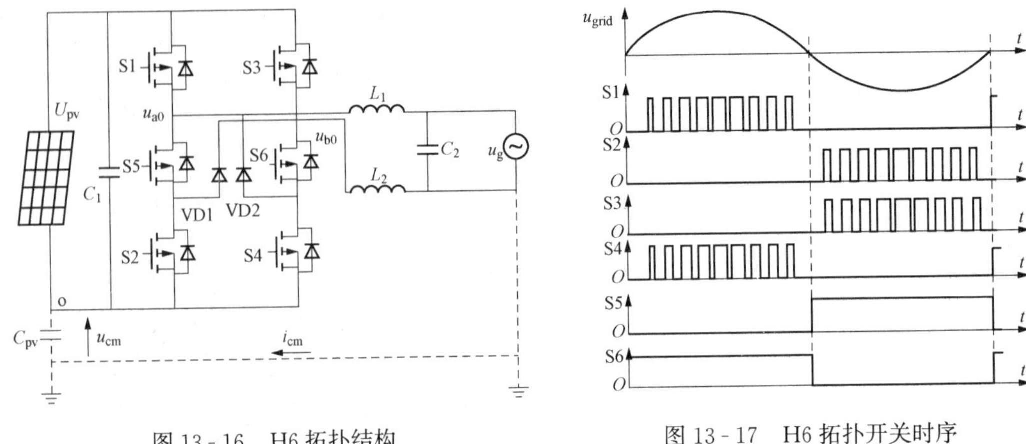

图 13-16　H6 拓扑结构　　图 13-17　H6 拓扑开关时序

当 S1 和 S4 断开而 VD2 和 S6 导通时，输出电流经二极管 VD2 续流。电流回路如图 13-18（b）所示，则共模电压为

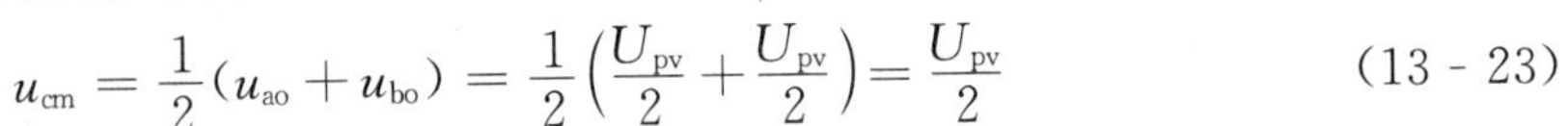

$$u_{cm}=\frac{1}{2}(u_{ao}+u_{bo})=\frac{1}{2}\left(\frac{U_{pv}}{2}+\frac{U_{pv}}{2}\right)=\frac{U_{pv}}{2} \tag{13-23}$$

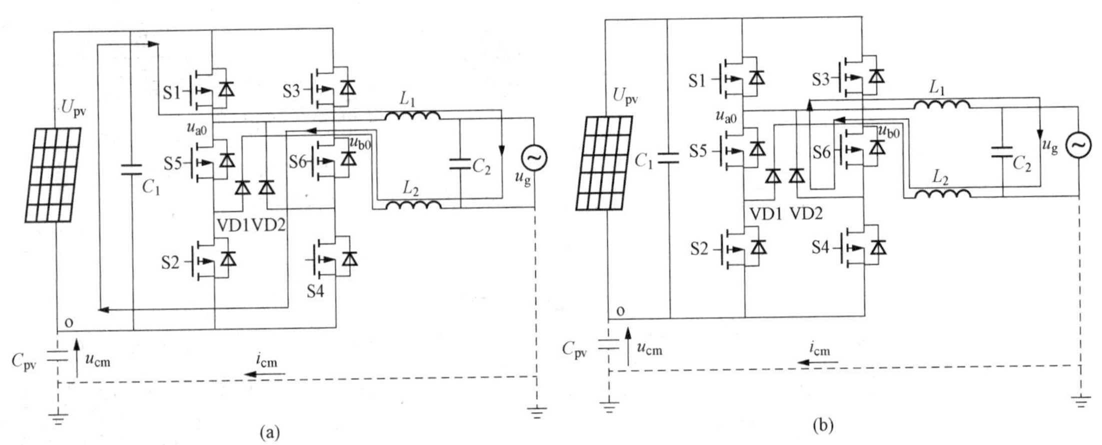

图 13-18　H6 拓扑在电网电压正半周期的工作原理

（a）S1、S4 和 S6 导通；（b）VD2 和 S6 导通，S1 和 S4 断开

同理可以分析 H6 拓扑在电网电压负半周期的工作原理，此处不再赘述。分析可知，H6 拓扑的共模电压在开关周期内保持不变，共模电流得到抑制。但是，H6 拓扑和 H5 拓扑的共同缺点是在分布式能源光伏并网逆变器正常工作时有三个开关管同时导通，系统损耗增加。

二、新型单相光伏并网逆变器拓扑

（一）新型拓扑的结构

针对单相分布式能源光伏并网逆变器拓扑共模电流大、效率低的问题，本节提出了一种新型单相分布式能源光伏并网逆变器拓扑，该拓扑在单相全桥逆变器的基础上增加 2 个续流二极管，并将滤波电感移至上、下桥臂之间，使得开关周期内共模电压保持恒定，有效抑制了共模电流；同时高频开关管使用 MOSFET，减小开关损耗，工频开关管使用 IGBT，减小导通损耗，且避免引入额外的开关管，系统整体损耗降低。

其拓扑结构如图 13-19 所示，直流侧包含光伏阵列（输出等效直流电压 U_{pv}）和直流母线滤波电容 C_1；逆变器由开关管 VT1～VT4 组成；相比于传统的全桥逆变器，该拓扑将滤波电感 L_1、L_2 从电网侧移至逆变器下桥臂，并增加了 2 个续流二极管 VD1、VD2；交流侧包含滤波电容 C_2 和电网（电网电压为 u_g）；寄生电容 C_{pv} 两端共模电压为 u_{cm}，共模电流为 i_{cm}。

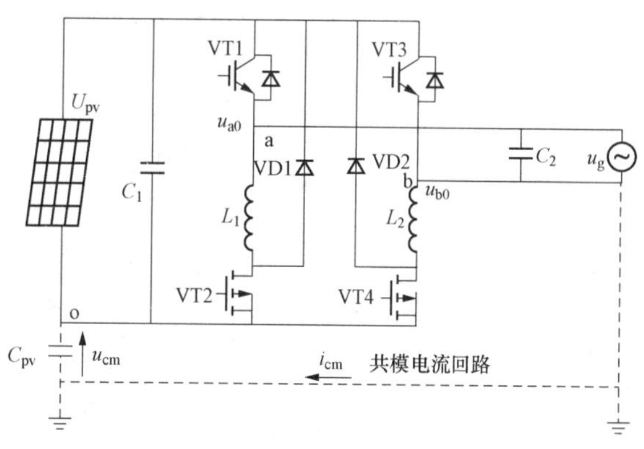

图 13-19 新型单相分布式能源光伏并网逆变器拓扑结构

（二）新型拓扑的工作原理

新型分布式能源光伏并网逆变器开关管 VT1～VT4 的驱动信号如图 13-20 所示，逆变器采用单极性调制，u_g 为电网电压，在电网电压正半周期，VT1 保持导通状态，VT4 以开关频率通断；在电网电压负半周期，VT3 保持导通状态，VT2 以开关频率通断。因此，为了提高系统整体效率，以工频开通和关断的开关管 VT1、VT3 采用 IGBT 以减小导通损耗；而以开关频率开通和关断的开关管 VT2、VT4 采用 MOSFET 以减小开关损耗；二极管采用 SiC 二极管以减小二极管反向恢复损耗。

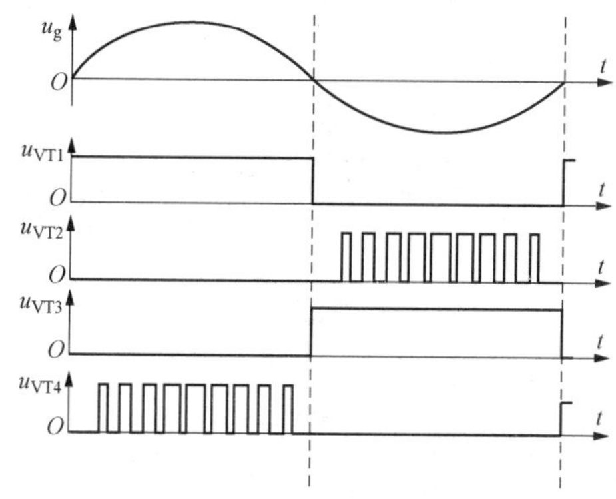

图 13-20 开关管 VT1、VT4 驱动信号

根据图 13-20 分析新型拓扑的 4 种工作模态。

（1）正向导通模态：电网电压正半周期时，VT1 导通，VT4 以开关频率通断；当 VT4 处于导通状态时，光伏阵列—开关管 VT1—电网—电感 L_2—开关管 VT4 构成电流回路，如图 13-21（a）所示，则 a、b 两点至 o 点的电压 u_{ao1}、u_{bo1} 为

$$\begin{aligned} u_{ao1} &= U_{pv} = u_g + u_{L2} \\ u_{bo1} &= u_{L2} \end{aligned} \tag{13-24}$$

由式（13-21）和式（13-24）得模态 1 的共模电压为

$$u_{cm1} = (u_{ao1} + u_{bo1})/2 = (2U_{pv} - u_g)/2 \tag{13-25}$$

（2）正向续流模态：电网电压正半周期时，VT1 仍保持导通，VT4、VT3 和 VT2 均断开时，开关管 VT1—电网—电感 L_2—续流二极管 VD2 构成电流回路，如图 13-21（b）所示。此时 u_{ao2}、u_{bo2} 为

$$\begin{aligned} u_{ao2} &= U_{pv} = u_g + u_{L2} + U_{pv} \\ u_{bo2} &= u_{L2} + U_{pv} \end{aligned} \tag{13-26}$$

式中，忽略开关管及二极管的导通压降，有 $u_g + u_{L2} = 0$，因此式（13-26）成立。

由式（13-21）和式（13-26）得模态 2 的共模电压为

$$u_{cm2} = (u_{ao2} + u_{bo2})/2 = (2U_{pv} - u_g)/2 \tag{13-27}$$

（3）反向导通模态：电网电压负半周期时，VT3 导通，VT2 以开关频率通断；当 VT2 处于导通状态时，光伏阵列—开关管 VT3—电网—电感 L_1—开关管 VT2 构成电流回路，如

图 13-21（c）所示。则 a、b 两点至 o 点的电压 u_{ao3}、u_{bo3} 为

$$\begin{aligned} u_{ao3} &= u_{L1} \\ u_{bo3} &= U_{pv} = u_g + u_{L1} \end{aligned} \tag{13-28}$$

由式（13-21）和式（13-28）得模态 3 的共模电压为

$$u_{cm3} = (u_{ao3} + u_{bo3})/2 = (2U_{pv} - u_g)/2 \tag{13-29}$$

（4）反向续流模态：电网电压负半周期时，VT3 仍保持导通，VT2、VT1 和 VT4 均断开时，开关管 VT3—电网—电感 L_1—续流二极管 VD1 构成电流回路，如图 13-21（d）所示。此时 u_{ao4}、u_{bo4} 为

$$\begin{aligned} u_{ao4} &= u_{L1} + U_{pv} \\ u_{bo4} &= U_{pv} = u_g + u_{L1} \end{aligned} \tag{13-30}$$

由式（13-21）和式（13-30）得模态 4 的共模电压为

$$u_{cm4} = (u_{ao4} + u_{bo4})/2 = (2U_{pv} - u_g)/2 \tag{13-31}$$

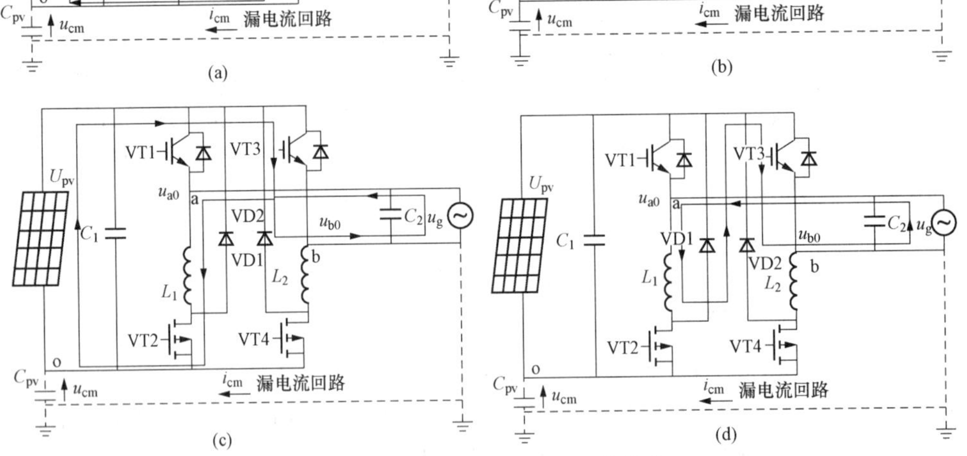

图 13-21　新型拓扑的 4 种工作模态

（a）正向导通模态；（b）正向续流模态；（c）反向导通模态；（d）反向续流模态

由式（13-25）、式（13-27）、式（13-29）、式（13-31）可知，新型分布式能源光伏并网逆变器拓扑的共模电压与直流侧电压 U_{pv} 及电网电压 u_g 有关，工频变换的电网电压对共模电压的作用可以忽略不计。因此，新型拓扑的共模电压在开关周期内幅值保持不变，由式（13-22）可知共模电流得到了有效抑制。

（三）新型拓扑抑制共模电流的效果

分别在 Matlab 中搭建单极性调制的全桥拓扑、H5 拓扑、H6 拓扑的仿真模型。其中，光伏阵列模拟为开路电压 400V，短路电流 9A 的电源；直流侧电容为 2000μF；交流侧滤波

电感、电容分别为 3mH、4.7μF；电网电压有效值为 220V；逆变器开关频率为 15kHz；光伏阵列与大地之间的寄生电容模拟为 200nF 电容。仿真结果如图 13 - 22 所示，波形包括电网电压、逆变器输出电流及共模电流。

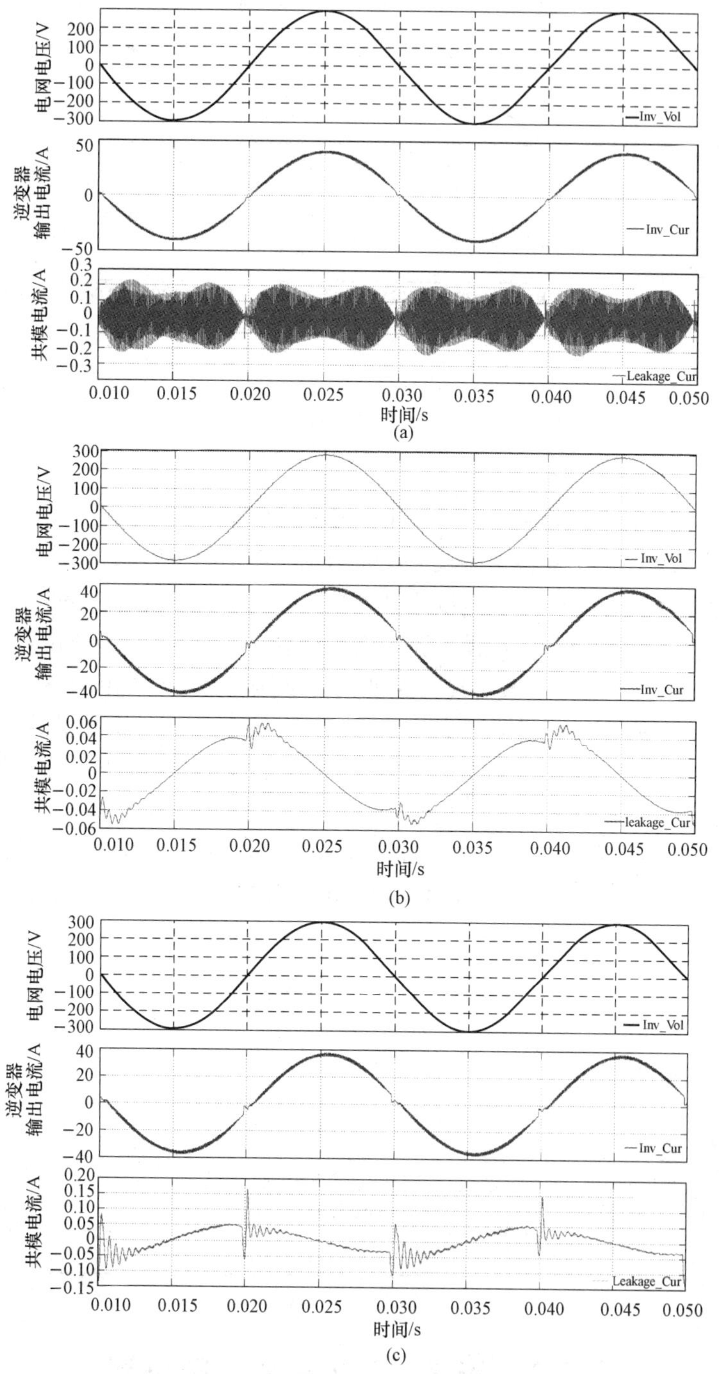

图 13 - 22　仿真结果（一）

(a) 单极性调制的传统全桥拓扑仿真波形；(b) H5 拓扑仿真波形；(c) H6 拓扑仿真波形

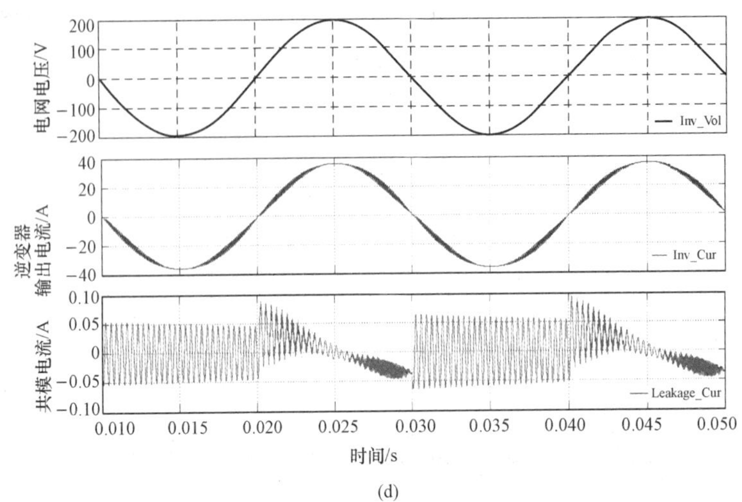

(d)

图 13-22　仿真结果（二）

（d）新型拓扑仿真波形

对于单极性调制的传统全桥拓扑，其寄生电容 C_{pv} 两端共模电压幅值以开关频率不断变化，因此，在寄生电容两端产生的共模电流较大，如图 13-22（a）所示，在±0.2A 波动范围内不断变化。H5 拓扑引入开关管 S_5 以实现续流阶段光伏阵列与电网的电气隔离，但是由于开关电容的存在，共模谐振回路仍导通，共模电流无法完全避免，如图 13-22（b）所示，共模电流峰值为 60mA。H6 拓扑引入开关管 S_5、S_6，保证共模电压在开关周期内不变，共模电流得到抑制，如图 13-22（c）所示，共模电流基本维持在 50mA 以内，但是共模电流突变值可达 0.15A，对系统的保护机制有一定的要求。新型拓扑的共模电压在开关周期内幅值保持不变，其共模电流得到有效抑制，仿真结果如图 13-22（d）所示，共模电流基本可控制在 50mA 以内。由此可知，新型单相分布式能源光伏并网逆变器拓扑可有效抑制共模电流大小。

不同拓扑对应的系统效率对比见表 13-3。由于新型拓扑未引入额外的开关管，降低了系统损耗，在提高系统效率方面具有优势。

表 13-3　　不同拓扑对应的系统效率对比

拓扑类型	开关管及二极管数量	效率
H5	5 个 VT	94.38%
H6	6 个 VT	93.43%
改进的 H5	6 个 VT	94.47%
改进的 H6	6 个 VT	93.75%
新型拓扑	4 个 VT+2 个 VD	94.76%

第四节　光伏并网逆变器的孤岛检测

针对目前分布式能源光伏并网逆变系统的孤岛检测存在检测盲区较大、检测方法复杂、系统电能质量欠佳等局限性，本节提出了一种新型混合式孤岛检测方法，该方法在分布式能源光伏并网逆变器输出功率与负荷功率发生匹配，被动检测法失效时，引入双边无功功率扰动，使 PCC 频率超过允许范围，通过过/欠频检测完成孤岛检测，该检测方法能够有效克服检测盲区大及系统电能质量欠佳的问题。

一、光伏并网逆变系统的孤岛效应

为了说明系统正常运行状态与孤岛运行状态的区别，构建系统示意图如图 13 - 23 所示。当系统正常运行时，S1 闭合，多个光伏逆变系统与大电网共同向负荷供电；当发生跳闸、故障、维护等现象时，需断开 S1，即断开大电网，此时多个光伏逆变系统单独向负荷供电，不受大电网的影响，形成小型供电网络，此时系统的运行状态即为孤岛效应。

二、孤岛检测原理

光伏逆变系统孤岛检测的原理图如图 13 - 24 所示，图中 S1 为电网侧开关，S2 为光伏侧开关，R、L、C 并联构成本地负荷，P、Q 为光伏逆变器输出的有功功率、无功功率，ΔP、ΔQ 为电网侧流入 PCC 的有功功率、无功功率。

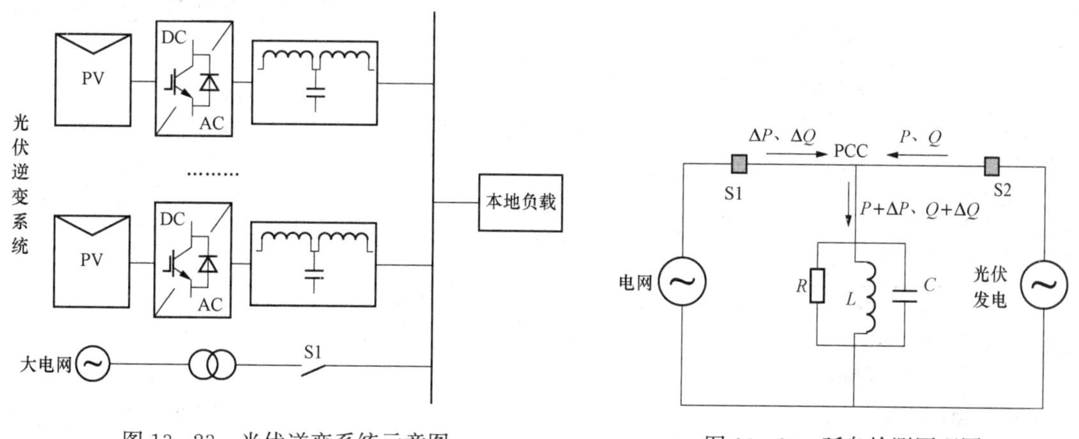

图 13 - 23　光伏逆变系统示意图

图 13 - 24　孤岛检测原理图

当电网正常工作时，S1、S2 均闭合，PCC 处电压幅值为电网电压幅值 U_g，频率为电网频率 f_g，由功率平衡关系可得

$$
\begin{aligned}
P+\Delta P &= U_g^2/R \\
Q+\Delta Q &= U_g^2[1/(2\pi f_g L)-2\pi f_g C]
\end{aligned}
\tag{13 - 32}
$$

当系统孤岛运行时，S1 断开、S2 闭合，此时 $\Delta P=\Delta Q=0$，光伏逆变系统单独向负荷供电，假设光伏逆变系统输出的有功、无功功率不变，则功率平衡关系为

$$
\begin{aligned}
P &= U_i^2/R \\
Q &= U_i^2[1/(2\pi f_i L)-2\pi f_i C]
\end{aligned}
\tag{13 - 33}
$$

式中：U_i、f_i 为孤岛状态下 PCC 处电压幅值和频率。

联合式（13 - 32）和式（13 - 33）可得

$$
\begin{aligned}
&\frac{U_g^2}{U_i^2}=\frac{\Delta P}{P}+1 \\
&\left(1-\frac{f_i}{f_g}\right)\left[1+\left(\frac{f_i}{f_g}+1\right)\frac{Q_c}{Q}\right]=\frac{f_i}{f_g}\frac{\Delta P}{P}-\frac{\Delta Q}{Q}
\end{aligned}
\tag{13 - 34}
$$

式中：Q_C 为电容提供的无功功率。

由式（13-34）可知，从正常运行状态到孤岛运行状态，当光伏逆变系统输出功率与负荷消耗功率不匹配时，PCC 处电压幅值或频率将产生波动，此时可根据过/欠电压检测或过/欠频检测实现孤岛检测；当光伏逆变系统输出功率与负荷消耗功率匹配时，PCC 处电压幅值和频率保持不变，此时传统的被动检测法失去作用，进入孤岛检测盲区。

三、新型混合式孤岛检测法

（一）孤岛检测的盲区

检测盲区是发电侧功率和负荷侧功率匹配时孤岛检测技术无法检测到孤岛状态的一个范围，是决定孤岛检测技术准确性和有效性的一个重要因素。IEEE 929-2000《住宅和中间光电（PV）系统设备接口的推荐实施规程》规定在负荷品质因数 $Q_f=2.5$ 时，允许的频率 f 的范围为 $49.3\text{Hz}\leqslant f\leqslant 50.5\text{Hz}$，允许的电压 U 的范围为 $88\%\leqslant U/U_n\leqslant 110\%$（其中 U_n 为额定电压），且在孤岛发生后的 2s 内，应检测到孤岛状态并采取相应的保护措施。根据国际标准规定的范围，对应的检测盲区如图 13-25 所示。

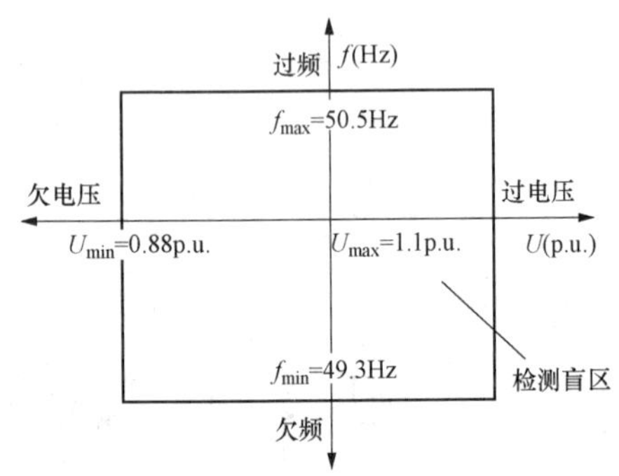

图 13-25　电压/频率表示的检测盲区

同时，检测盲区可以用有功功率、无功功率的失配度 $\delta P/P$、$\delta Q/Q$ 表示

$$\left(\frac{U_n}{U_{max}}\right)^2-1\leqslant\frac{\delta P}{P}\leqslant\left(\frac{U_n}{U_{min}}\right)^2-1$$

$$Q_f\left[1-\left(\frac{f_n}{f_{min}}\right)^2\right]\leqslant\frac{\delta Q}{Q}\leqslant Q_f\times\left[1-\left(\frac{f_n}{f_{max}}\right)^2\right] \tag{13-35}$$

式中：U_{max}、U_{min} 为允许电压的上、下限；f_{max}、f_{min} 为允许频率的上、下限；Q_f 为负荷的品质因数；U_n 为额定电压；f_n 为额定频率；P、Q 为光伏逆变器输出的有功功率、无功功率，δP、δQ 为失配的有功功率、无功功率，即光伏发电系统的输出功率与负荷消耗功率的差值。

上述检测盲区相关参数对应的具体数值见表 13-4。

表 13-4　　检测盲区相关参数对应的具体数值

参数	数值	参数	数值
U_{max}	1.1p.u.	Q_f	2.5
U_{min}	0.88p.u.	U_n	1p.u.
f_{max}	50.5Hz	f_n	50Hz
f_{min}	49.3Hz		

将表 13-4 中参数值代入式（13-35），得

$$-17.36\%\leqslant\frac{\delta P}{P}\leqslant 29.13\%$$
$$-7.15\%\leqslant\frac{\delta Q}{Q}\leqslant 4.93\% \tag{13-36}$$

相应的检测盲区如图 13-26 所示。

由图 13-26 可知，无功功率失配度的检测盲区明显窄于有功功率失配度的检测盲区，即无功功率的失配度对孤岛检测更敏感，只要向系统引入少量的无功功率扰动，孤岛检测即可跳出检测盲区。因此，当发电侧功率和负荷侧功率匹配，传统的过/欠电压检测或过/欠频检测法失效时，可以在 PCC 处引入无功功率的扰动，通过对 PCC 处频率的检测，判断系统状态。

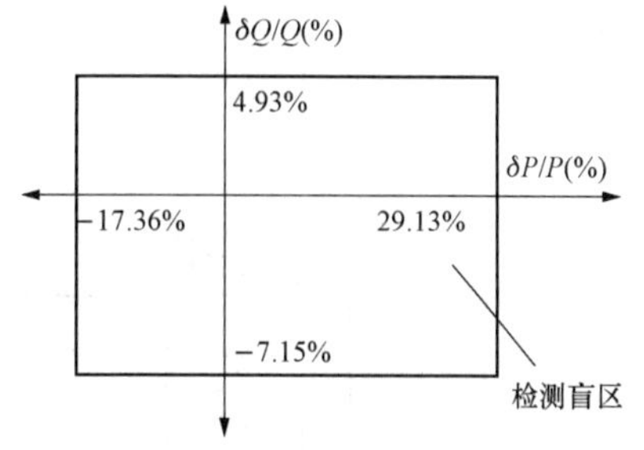

图 13-26 $\delta P/P$、$\delta Q/Q$ 表示的检测盲区

（二）新型孤岛检测法的基本思路

传统被动检测法成本低、实现简单、不影响逆变器输出的电能质量，主要缺点是检测盲区较大。主动检测法虽然检测盲区较小，但是逆变器输出电能的电能质量下降。因此，本节将被动检测法和主动检测法相结合，提出一种新型混合式孤岛检测法，该方法针对不同情况分别采取不同的孤岛检测方法。

（1）当光伏逆变系统输出功率与负荷消耗功率不匹配时，通过过/欠电压或过/欠频检测法完成孤岛检测。在这种情况下 δP 或 δQ 中至少有一个不为零，由式（13-34）可知，PCC 处的电压幅值或频率将产生波动。检测 PCC 处的电压幅值和频率值，与表 13-4 中国际标准设定的阈值进行比较，若检测到的电压幅值或频率超出了国际标准规定的允许范围，则判定分布式能源光伏并网逆变系统处于孤岛状态，应采取相关保护措施。

（2）当光伏逆变系统输出功率与负荷消耗功率匹配时，PCC 处电压幅值或频率保持不变，过/欠电压或过/欠频检测法失效，此时引入双边无功功率扰动，若光伏逆变系统处于并网运行状态，则 PCC 处电压幅值及频率受电网钳制作用保持不变，若光伏逆变系统处于孤岛运行状态，则 PCC 处的频率将产生波动，若超过国际标准规定的范围，通过过/欠频检测即可完成孤岛检测。

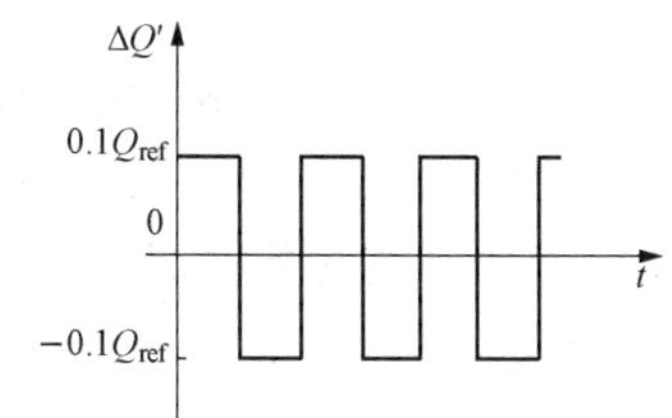

图 13-27 双边无功功率扰动信号图

由式（13-36）可知，无功功率失配度的检测盲区范围为$-7.15\%\leqslant\delta Q/Q\leqslant4.93\%$，因此，引入无功功率扰动量$\Delta Q'=10\%Q_{\mathrm{ref}}$，以确保孤岛检测跳出检测盲区的同时，加快检测速度。双边无功功率扰动信号如图 13-27 所示，由于逆变器输出功率可能大于负荷消耗功率，也可能小于负荷消耗功率，因此引入的无功功率扰动信号既有正向扰动值，又有反向扰动值，有效克服检测盲区较大的问题。

新型混合式孤岛检测法对应的系统框图如图 13-28 所示。

图中 Relay1 为孤岛保护继电器，触头为动断触头；Relay2 为电网侧继电器，触头为动断触头；Signal1、Signal2 分别为扰动添加控制信号和 Relay1 开通/关断控制信号；P_L、Q_L 分别为负荷所需的有功功率、无功功率；P、Q 分别为逆变器输出的有功功率、无功功率。

需要对新型单相分布式能源光伏并网逆变器输出电压 u_{ab} 及输出电流 i_g 进行如图 13-29 所示的处理，才能完成图 13-28 中对分布式能源光伏并网逆变器输出有功功率和无功功率的检测。

由图可知，将逆变器输出电压 u_{ab} 及输出电流 i_g 经过正交信号发生器及坐标变化环节，得到 dq 坐标系下的分量 u_d、u_q、i_d、i_q，根据式（13-37）即可得到单相分布式能源光伏并网

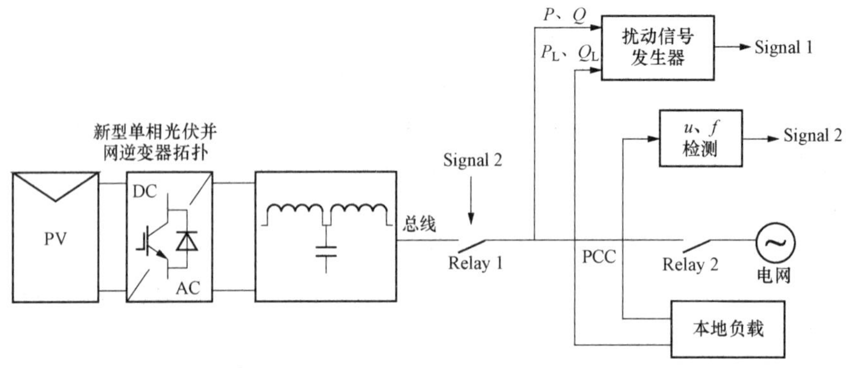

图 13-28　孤岛检测系统框图

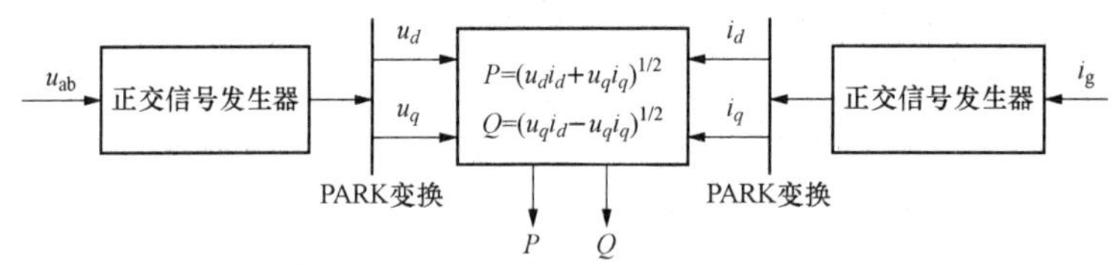

图 13-29　单相分布式能源光伏并网逆变器功率计算

逆变器输出的有功功率和无功功率为

$$\begin{cases} P=(u_d i_d+u_q i_q)^{1/2} \\ Q=(u_q i_d-u_d i_q)^{1/2} \end{cases} \tag{13-37}$$

基于图 13-28，本节采用的新型孤岛检测法主要包括以下部分：

（1）检测光伏逆变器输出的有功功率、无功功率 P、Q，负荷消耗的有功功率、无功功率 P_L、Q_L 一般为已知值。

（2）完成上述第（1）步骤，在图 13-28 的扰动信号发生器中计算失配的有功功率、无功功率 δP、δQ，并判断 δP 和 δQ 是否为零，若两者均为零，即光伏发电系统输出功率与负荷消耗功率发生匹配，此时产生无功功率扰动信号，即 signal1＝1，系统采用 PQ 控制，对无功功率参考值引入双边无功功率扰动，无功功率扰动量 $\Delta Q'=10\%Q_{ref}$，确保孤岛检测跳出检测盲区的同时，加快检测速度；添加扰动后执行步骤（3）。当 δP 和 δQ 中有一个不为零时，此时 signal1＝0，不添加扰动信号，根据式（13-34）可知，PCC 处电压幅值或频率将产生波动。

（3）检测 PCC 处电压幅值或频率，若超过国际标准规定的范围，则 signal2＝1，Relay1 动断触头断开，进行过/欠电压或过/欠频保护。对应的系统流程图如图 13-30 所示。

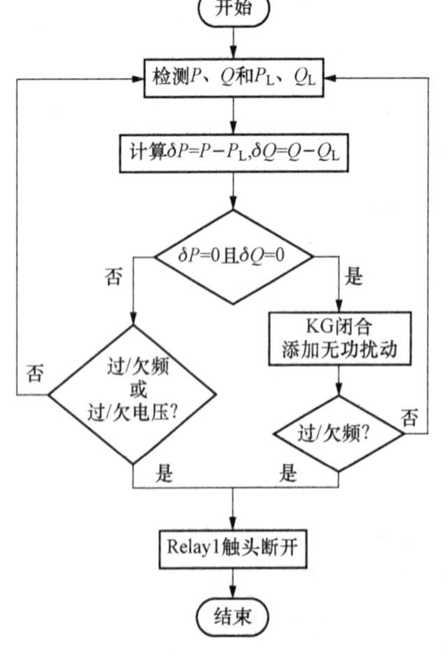

图 13-30　系统流程图

（三）新型孤岛检测法的系统实现

为了验证新型混合式孤岛检测技术的有效性，本节主要通过实验验证在光伏逆变器输出功率与负荷所需功率发生匹配时，新型孤岛检测技术能否检测出孤岛状态。系统正常运行时，光伏逆变器输出的参考有功功率为 660W，参考无功功率为零；在模拟孤岛运行时，光伏逆变器输出的参考有功功率、无功功率分别为 300W、96Var。调节交流负荷柜使之与光伏逆变器输出的参考有功功率、无功功率匹配，即 $\delta P=0$ 且 $\delta Q=0$，此时传统的被动检测法陷入检测盲区，根据新型孤岛检测法的流程，引入双边无功功率扰动以完成孤岛检测。实验结果如图 13-31 所示，图中波形①为 PCC 处线电压波形，波形②为 PCC 处相电流波形，波形③为电网侧继电器 Relay2 两端的电压波形。

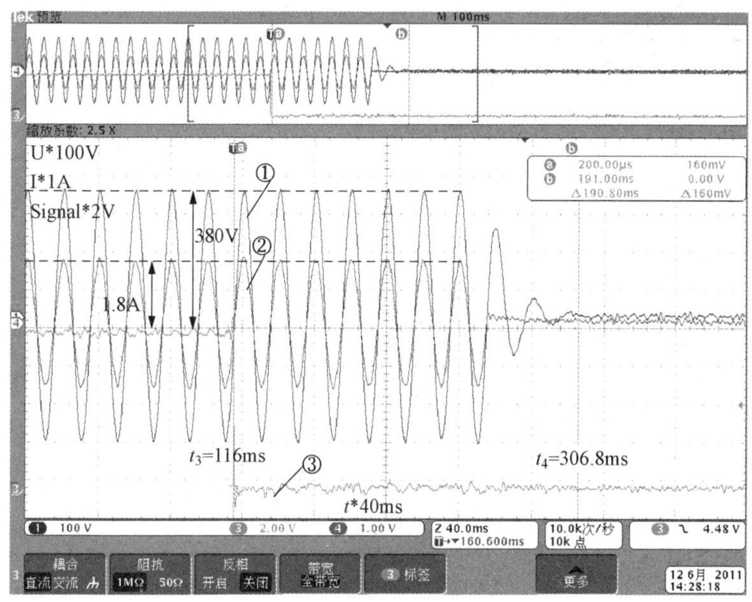

图 13-31　功率匹配时系统的孤岛检测

系统正常并网运行时，光伏逆变器输出稳定 380V 线电压和 1.8A 相电流，且 Relay2 两端的电压为零，当 Relay2 触头断开时，Relay2 两端的电压发生跳变，这一跳变时刻即为孤岛发生时刻 $t_3=116\text{ms}$；由于光伏逆变器输出功率与负荷消耗功率发生匹配，此时引入双边无功功率扰动，其值为 10％的参考无功功率，即 9.6var；$t_4=306.8\text{ms}$ 时通过过/欠频检测完成系统的孤岛检测，并将继电器 Relay1 动断触头断开。故系统孤岛检测的时间为 190.8ms，在国际标准规定的 2s 以内。

同时将新型混合式孤岛检测法与其他孤岛检测法的检测时间进行对比，相同实验条件下，不同孤岛检测法对应的检测时间见表 13-5，其中有功电流扰动法和无功功率扰动法的最短检测时间虽然可达 0.05s，但引入的扰动量过大，严重影响系统的电能质量。而新型孤岛检测法只引入 10％的参考无功功率作为扰动量，既能在短时间内检测出系统孤岛状态，又减小了对系统电能质量的影响。而与其他传统的被动检测法及主动检测法对比，新型孤岛检测法的检测时间明显更短。由此可知，新型混合式孤岛检测法既能准确地检测出孤岛状态，又能快速切断电路，在保护负荷的同时，减小了系统对大电网的影响。

表 13 - 5　　不同孤岛检测法对应的检测时间

检测方法	检测时间
电压相位突变检测法	0.6～0.8s
谐波阻抗测量法	0.5s
主动移频法	0.62s
滑模频率偏移法	1.2s
sandia 频率偏移法	0.2s
有功电流扰动法	0.05～0.95s
无功功率扰动法	0.05～1.13s
新型孤岛检测法	0.16～0.19s

参考文献

[1] 董朝阳，赵俊华，文福拴，等．从智能电网到能源互联网：基本概念与研究框架［J］．电力系统自动化，2014（15）：1-11.

[2] 田世明，栾文鹏，张东霞，等．能源互联网技术形态与关键技术［J］．中国电机工程学报，2015（14）：3482-3494.

[3] 吕勇．关于分布式光伏发电若干问题的探索［J］．变频器世界，2015（12）：38-41.

[4] 由旭．基于直接电流控制的三电平整流器设计与研究［D］．沈阳：东北大学，2011.

[5] 王琦，关添升．分布式能源接入对电网调度影响研究［J］．应用能源技术，2015（12）：42-44.

[6] 陈雷博．浅谈逆变技术在光伏系统中的应用［J］．上海节能，2015（12）：674-676.

[7] 范必双，谭冠政，樊绍胜，等．一种新的基于混合空间矢量调制的三电平逆变器直流侧电容电压平衡研究［J］．中国电机工程学报，2012（27）：135-141+193.

[8] 闫斌斌，贾焦心．电压不平衡且畸变下基于平均值环节锁相环的研究［J］．黑龙江电力，2015（06）：483-486.

[9] 吉正华，韦芬卿，杨海英．基于dq变换的三相软件锁相环设计［J］．电力自动化设备，2011（04）：104-107.

[10] 张治俊，李辉，张煦，等．基于单/双同步坐标系的软件锁相环建模和仿真［J］．电力系统保护与控制，2011（11）：138-144.

[11] 琚兴宝，徐至新，邹建龙，等．基于DSP的三相软件锁相环设计［J］．通信电源技术，2004（05）：1-4.

[12] 徐亚伟．并网逆变器中全软件锁相环的设计与实现［D］．南京：南京理工大学，2014.

[13] 潘健，王艳姗，陈融，等．三相并网逆变器的软件锁相环研究［J］．湖北工业大学学报，2013（04）：16-19.

[14] 刘振亚．中国电力与能源［M］．北京：中国电力出版社，2012.

[15] 肖湘宁．电能质量分析与控制［M］．北京：中国电力出版社，2010.

[16] 王兆安．谐波抑制和无功功率补偿［M］．北京：机械工业出版社，2006.

[17] 董其国．电能质量技术问答［M］．北京：中国电力出版社，2003.

[18] 刘颖英．智能化电能质量综合评估方法分析与比较研究［D］．北京：华北电力大学，2007.

[19] 程浩忠，艾芊，张志刚．电能质量概论［M］．北京：中国电力出版社，2013.

[20] 林广明，黄义锋，欧阳森，等．基于DSP和CPLD电能质量监测装置的设计［J］．电力系统保护与控制，2009，37（18）：97-99.

[21] 曾正．多功能并网逆变器及其微电网应用［D］．杭州：浙江大学，2014.

[22] TANG Y，LOH P C，WANG P，et al. Generalized design of high performance shunt active power filter with output LCL filter［J］．IEEE Transactions on Industrial Electronics，2012，59（3）：1443-1452.

[23] QIAN LIU，LI PENG，YONG KANG，et al. A novel design and optimization method of an LCL filter for a shunt active power filter［J］．IEEE Transactions on Industrial Electronics，2014，61（61）：4000-4010.

[24] 闵攀．三相四线制有源电力滤波器控制策略的研究［D］．天津：天津理工大学，2015.

[25] 王裕，刘翔，谢运祥．三相四线制系统3D-SVPWM调制策略优化设计［J］．华南理工大学学报（自然科学版），2015，43（08）：21-28.

[26] 李群湛，贺建闽．牵引供电系统分析［M］．成都：西南交通大学出版社，2007.

[27] 吴传平．电气化铁路供电系统电能质量综合补偿技术研究［D］．长沙：湖南大学，2012.

[28] 于坤山，周胜军，王同勋，等．电气化铁路供电与电能质量［M］．北京：中国电力出版社，2011：95-129.

[29] 徐恒山，尹忠东，黄永章．考虑最大输出电压和效率的LLC谐振变流器的设计方法［J］．电工技术学报，2018，33（2）：331-341.

[30] 王兆安，刘进军．电力电子技术［M］．北京：机械工业出版社，2009.